目录

清水会馆（记）

拆除中的清水会馆，曾仁臻摄

北大建筑

砖头与石头

董豫赣 著

机械工业出版社
CHINA MACHINE PRESS

1

　　2020 年冬，清水会馆的甲方忽来电话，说是清水会馆就要拆了，我和朋友要是还想来看看，就尽快来。他口气严肃，不像玩笑，我就约了几位朋友，决定周末就去。

　　见到久不联络的王磊，他快步过来，神情肃穆地安慰我说："这事没辙，董老师你就不要难过了。"我倒还好，对这些力所不及之事，我很少会有伤感情绪。回头招呼周仪，忽见她目光闪雾，侧过脸去，不肯看我，眼前这座砖房，一直被她视为从古建筑专业转向建筑学的可见物证，但它何尝不是我从建筑转向园林的将逝辙痕，一时间，连我也有了些心绪涟漪。

　　王磊为断了暖气道歉，带我们到楼上玻璃屋，说是这里暖和。窗外远山寒碧，窗内家具整洁，完全没有搬迁的仓皇气息。王磊大致讲述了一下情形，说是整个小区都将限时拆除，我一时难以回神，恍惚间记起当年王磊选择红砖材料的理由，不只是他喜爱红砖的油画色彩，还说砖建筑会变老变旧，却不会过时。眼下这幢房子，砖色尤新，却将成瓦砾。我记起清水会馆还有两块黑白巨石，就向王磊问起，他说已无暇顾及，要我自行处理。我本想问红砖美术馆那边是否需要，又记起北京产业升级的那几年，老闫廉价购置的一堆巨石，至今还没有用处，就连打电话的念头，也兴不起来，只建议大家散去，各自随性逛逛。

2

　　我想沿着《清水会馆图游记》里的游线，从头走走。

　　入口侧壁上，王欣为清水会馆设计的标牌还在，旁边喷笔喷成的红圈内"D01"的字样，不知具体含义（图 1），只觉得像是骷髅；长长的车道两侧，藤萝枯萎，只剩两堵砖墙勾勒出灭点强烈的透视；车道西墙以面状退进隐藏砖垛的空腔构造（图 2），被周仪视为清水会馆最巧妙的构想，她曾要我图解其细节；东墙中段，那处三圆错叠的洞口（图 3），一度被我用作红砖美术馆的入口，但因残疾人坡道而修改（图 4），在我最近有望动工的沁泌庭

图 1 清水会馆入口标牌与红圈，自摄

图 2 清水会馆车道凹凸相间的围墙，自摄

图 3 清水会馆车道东侧墙三圆交叠，万露摄

图 4 红砖美术馆主入口门洞，黄居正摄

图 5 清水会馆两园相夹的槐序，万露摄

图 6 红砖美术馆镜序，自摄

图 7 清水会馆九孔桥，万露摄

图 8 红砖美术馆十七孔桥，自摄

图 9 清水会馆待拆前的嵌藤白石，自摄

图 10 红砖美术馆藤石，自摄

中，被用成婚庆馆的仪式性入口；车道尽端，那处三圆相套的槐序（图 5），也在红砖美术馆被扩展为镜序（图 6），连其间所种的龙爪槐，都来自对槐序植物效果的检验；槐序往东的九孔桥（图 7），图纸阶段，我就遗憾池不够大，桥不够长，在红砖美术馆的池山前，它被加长为十七孔桥（图 8），最近，在沁泌庭与溪山庭的池岛间，它还以"不管廊"之名的廊桥形式，得以扩展，廊下的二十一根水泥管，上个月已铺设完毕；九孔桥东正对的照壁白石，是我以石缝嵌藤的标准所选（图 9），我也据此在红砖美术馆选择了另一块藤石（图 10），我当初对这块石前所种爬墙虎，并不满意，它们如今已粗如手臂，一如所愿地勒入石缝；绕过巨石，是四壁斜交的四水归堂（图 11），我一直记得这处交汇了五条游径的天井，几年前设计沁泌庭时，决定以它为起笔，以串起起伏不定的多种场景。

站在四通八达的天井中四顾，我忽然没了按图索骥的缅怀情绪。我已消化了周仪染给我的那丝伤感。眼前这些场景，即便消逝，由此衍生出的另一些场景，还将继续持存。它们已开枝散叶，幸运地与清水会馆保持了可见的血脉关联，我也幸运地不用每次设计前，都殚精竭虑地想要耳目一新。

3

王磊与我合计，既然拆除已不可避免，能不能请专业摄影师抢拍一些照片，将来出本画册，也好留个念想，还说他愿意承担相关费用。我对花钱出版画册，不置可否，觉得可以先拍些影像再说。臧峰向我推荐了一位摄影师朋友，几位朋友也想择日再来，杨帆甚至还想拍摄清水会馆被拆的过程，王宝珍帮我联系拍过耳里庭的一条，曾仁臻说向京正想约我见面聊聊，能不能一起约在清水会馆。

最后那次去清水会馆，忙乱到近乎失忆，唯一记得的场景，是被一条安排与王磊站在圆厅楼顶远眺。掠过清水会馆大大小小的院落，残阳残雪，我已看不清北部一墙之隔的池庭情形，恍惚记起庭园验收时，李兴钢拍过一张华灯初上的池庭照片（图12），恍惚记得清水会馆建筑与庭园工地截然不同的两种情形：我在清水会馆独自督造工地的情形，到几年后清水会馆重新启动的庭园

图12 清水会馆池庭夜景，李兴钢摄

工地，忽然就热闹起来的情形。在持续了半年的工地上，聚集了一群年轻人，有我自己在读的研究生，也有想报考研究生的本科毕业生，既有外校已毕业的研究生，也有任教了几年的青年教师，大家聚集在那片尘土飞扬的工地上，对毛石、空心砌块、红色多孔砖以及不同型号的钢筋，进行了材料繁多的建造实验。

如今想来，它就像北大建筑学研究中心（以下简称"中心"）早期建造课程的场景外溢。

4

晚上搭乘孙海霆的车，这位臧峰介绍来的摄影家说他见过我，当时他与臧峰都在圆明园附近的非常建筑工作，有天听臧峰说老董带着儿子就在外头，见我和千里正在窗外避雨，以为我一会儿会进来聊聊，雨过天晴，忽见我带着千里，冲入窗前一片茂密的向日葵，飞快地掏出剪刀剪下一根，扛在肩上，拉着千里扬长而去。他说他当时瞠目结舌。我则完全不记得有这件事，只记得鲁力佳曾夸耀过她的向日葵地，说是竟然长到两米来高，我也记得张永和当时的调侃，说是早年地里可能埋有什么动物尸体。

图11 清水会馆四壁斜交的四水归堂，万露摄

2000 年底，我抱着半岁多的千里，去到镜春园成立半年多的北大建筑学研究中心。千里捏着张永和的拇指不放，后者手足失措，扭头招呼人去找冰棍来交换手指，鲁力佳笑骂说也不看看是什么季节。等我接手清水会馆的设计时，千里就读的北大幼儿园，离非常工作室所在的圆明园，的确不远。清水会馆完工时，千里已升入北大附小，他将清水会馆工地上的电缆当跨栏的场景还在眼前。如今，他还在北大，却从幼儿园一路读到博士（图 13、图 14）。

20 年的时过境迁，变迁的不只是清水会馆的红砖苔色，无论是我自己的生活起伏，还是中心的兴衰，都已发生不可回溯的变化，期间浸入我意识间的一些变化，若非这次备忘式的钩沉，细微得连我自己都难以察觉。

5

寒假过后，大家拍摄的清水会馆照片，陆陆续续汇总到我这，我断断续续地翻看，偶尔对照《从家具建筑到半宅半园》附录在"清水会馆图游记"里的老照片，心里既无出版画册的念头，也少有情绪波澜。

暮春之际，波澜骤起，成立了 21 年的北大建筑学研究中心，终于接到腾退镜春园的正式通知，身心狼藉的搬迁，一直持续到去年暑假前后。

回头来看，无论是中心的镜春园腾退，还是清水会馆的被拆，一切都如有先兆。就在镜春园腾退的头年冬天，北侧教室的钢板瓦顶，忽被大风折断的碗口粗树枝扎透（图 15），怪兽般地悬停在我上组课的案头上空，幸而没有伤人。因为见过学校派人来测量镜春园，办公室的张小莉没敢声张，私下找人简单维修过两次，但在积雪消融间，开始淅沥漏水，一直漏到我们去年暑假前搬出镜春园。

如今看来，那本以清水会馆收尾的《从家具建筑到半宅半园》，也颇多古怪。我目前出版的九本书，只有这本与纪念我父亲的《天堂与乐园》，既有前言，也有后记。我后来为《败壁与废墟》单开"北大园林"系列的三本书，无论是它们各写一件作品的宽松篇幅，

图 13 清水会馆青桐院的千里，万露摄

图 14 清水会馆待拆时的千里，自摄

还是这些作品更接近园林的属性，原本都更有理由附录一篇庭园游记，但它们却分别在废墟、场景与地域的各自议题间，戛然而止。反倒是这本涵盖了我从纸上设计到建造实践的内容密度极高的旧书，不但首尾俱全，偏偏还为清水会馆附录了一篇以照片为主的图游记。这篇游离于全书之外的图游记，在清水会馆被拆后，忽然就有了些卓然于物的纪念性。

6

暑假前，编辑李争约我见面，讨论《败壁与废墟》修订再版一事，我忽然记起合同过期多年的《从家具建筑到半宅半园》，就试着问李争能否同时再版这本书。她有些意外的惊喜，对我想更换《清水会馆图游记》照片的想法，李争与柯云风都以为，既然新屯了许多照片，不如单独出成画册。

我对出版画册的抵触，出自两种不同情绪。

对我而言，若无思考的问题，我甚至不会翻看柯布西耶的作品画册，遂对出版自己建筑的画册，既无兴趣，也担心出版社的盈利问题，与此同时，我对由甲方资助的出版，也心有余悸。当年迫于北大非升即走的教改压力，拿着新出的《极少主义》，到城环学院参评职称，那是我第一次见到江家驷院长，得知我是这本书的作者，他的溢美之词，让我意外。此前我只记得彭怒与艾未未说是一口气读完那本书，江院长说他不但读完，前不久才在美国与学者阐述过书中的观点，并以未征得我同意而向我致歉。我正自忐忑，旁边一位老师拿起书去翻看，忽然附耳低语，问我给了出版社多少钱，我愕然转头，见他并无侮辱我的神情。回头向张小莉询问此事，才确认自己找钱出书，纯属正常。她笑话我过于敏感，还顺带告诉我，江院长那次回国，本是为了辞职，就在我参评职称的第二天，他已正式卸任。

我既意外又幸运地评上了副教授，一劳永逸地摆脱了教改压力，重新回到先前的安逸状态，唯一落下的病灶，就是此后出任何书，我都坚持索要版税。

图 15 镜春园屋顶被扎透，柯云风摄

7

李争担保这本画册，既不要甲方的资助，也能向出版社争取到我的版税，我对她说我的书籍品质可以平衡收支的讲法，并不心安，就想着为这些照片，重新写些文字，但对写些什么，全无计划。临别前，李争问我，有无其他可以出版的著作推荐，忽然就记起我筹谋多年的学生论文出版一事。

北大建筑与北大景观合并成院，又旋即离析。重新独立的中心，有一年忽然被内部通知取消。为挽回此事，王昀督促几位老师，各自提出对中心未来的学科构想，提交给促成学院合并的校领导。我连夜写了一篇《北大庭园建筑学的诗意前景》，旨在论述北大建筑在北大人文氛围下的学科优势，我不确定后来是否递交上去。那段时期，很有几位毕业生，都在张罗重振北大建筑的各种计划。唐勇数次含蓄地批评我的不作为，我想起黄居正对我多篇学生论文，都有高度评价，李兴钢也觉得很有几篇论文，对实践都有直接帮助，就想着将它们以"北大建筑"之名结集出版，以壮声势。可每次想要张罗此事，都会想起我主编"从"丛书时的挫败感，每每就又偃旗息鼓。

李争对出版这套丛书，既有兴趣也有热情，这一次，她与柯云风都愿意分担期间的琐碎工作，我一时兴起，就翻开李争校稿用的《从家具建筑到半宅半园》，在扉页空白处写下记忆中可能出版的学生论文，竟有十余篇之多。欣慰之余，我提醒李争，这些学生多半已毕业多年，未必都有精力张罗此事，若能出版五六本，就足以接续"北大建筑"丛书的余音。当初出版我自己的《败壁与废墟》时，正值北大建筑与北大景观短暂合并的煎熬期，本想将其纳入张永和开启的"北大建筑"丛书系列，以维持北大建筑依然持存的幻觉。那时已出版的第三本，是我的《极少主义》，封底预告方拥教授的《木拱小记》，迟迟未出，不敢贸然接续，犹豫再三，才单开了"北大园林"系列，因为坚持要沿袭"北大建筑"的版式，还与编辑起过争执，如今已出版三本的"北大园林"丛书，尽管中途更换了出版社，但版式还一仍如旧。

8

这次重启的念头，猝不及防，我不可抑制地想将再版的《从家具建筑到半宅半园》，以及从中剥离出的《清水会馆图游记》图册，一并改成"北大建筑"丛书的版式。我并不习惯这类情绪波动，也不愿在情绪间与李争联系，我重返沛县的溪山庭工地。在今年暑假长达40余天的工地督造期，一群设计师再次先后赶来，大家一如既往地评判我的工地，一如既往地拿出各自的设计相互抨击。我们在工地上夜以继日的讨论氛围，偶尔会映照出清水会馆庭院工地的类似记忆。不同的是，这群人多半不是我的学生，也多半不是建筑专业，更多的是室内与景观专业各有建树的设计师。

开学前返京，再见李争，她已排完《从家具建筑到半宅半园》的样稿，我心存侥幸地提出想要更换版式的想法。"北大建筑"系列实际出版的四本，除我那本《极少主义》以外，第一本《（无）上下住宅》，内容是学生竞赛，第二本《79号甲+》，是北大学生建造课的实践，最近一本《古崖居考》，是王昀带领北大学生的研究成果。我以为，这些内容，既有学生的纸上研究，也有学

生的建造实践，而《从家具建筑到半宅半园》这本书，正是我自己从读书到教书、从纸上设计到建筑实践的回顾。

李争对这版式的变化，有些意外之难，对我想将清水会馆的画册，也出成"北大建筑"的图文格式，又有意外之喜。我告诉她，我已想好大致题目，估计会是"砖头与石头"或"意图与意象"。这两个名称，都源于我去年写《表意的缝隙》时的思考，那段作为山中天扩建的收尾文字，本以密斯那句"建筑始于两块砖被仔细摆放的时刻"里的砖块开始，而以溪山庭的甲方为压水口而置石的石头结束，《建筑学报》的黄居正主编，以为不宜对另一作品进行过细描述，我就删除了相关石头的那一段。

9

我对工人摆放砖石为何仔细的动力，早有怀疑。当初在601宿舍读到拉斯金颂扬中世纪工匠投射到手工劳作间的热情时，我对这热情在现代还能投射何处，就心存疑虑。没有了为大教堂供奉的宗教虔诚，工地上的砖石活计，大概只剩含辛茹苦的劳作吧。我后来在自己工地观察到工匠的砌筑情形，却相当矛盾，无论是砌筑毫无表现的水边宅砖墙，还是砌筑清水会馆细部繁多的砖墙，我都既听过工人们的劳作抱怨，也见到工人与砖墙合影的场景（图16），有时他们还会特意洗澡换衣服。我有一次向一位瓦工讨教缘由，他指着清水会馆才砌完的书房照壁（图17），说他自己都没料到砌起来会这样漂亮，还说他以后在自己院子里，也要砌上一堵。

我自己是在清水会馆绘制砖墙细部图时，才理解仔细摆放砖块的动力所在，无论是我想在砖砌的空腔里藏灯纳光，还是想要在砖过梁的灰缝间布筋灌浆，无论是想要利用砖叠涩的上挑下悬来制造宽窄变化，还是想要以砖砌花格的疏密来应对空间私密等级，若想准确实现这些我寄托在砌筑间的意图，都需要我对砌筑一事的高度专注。

我对砌筑的热情，很快在红砖美术馆的工地上转移。我那时正苦于无能造景的焦虑，一位外校生到新工地找我，想要以清水会馆的用砖技巧撰写硕士论文。我以为，那些技巧并不值得以论

图16 清水会馆庭园里拱顶砖墙，方海军摄

图17 清水会馆书房照壁，周仪摄

文的方式研究，只要从头到尾盯一次砌筑工地，任何人都能学到砌砖的这些工艺技巧。在红砖美术馆后续的庭园改造工地上，另一位外校生又说想以红砖美术馆的砌筑工艺撰写论文。我以为，相比于清水会馆的繁多细部，红砖美术馆的砌筑已克制得仅剩不砍砖的几种，相比于这几处我仅凭经验的细部挪用，红砖美术馆庭园花费我数年之久的掇山理水，才真正值得研究。我想将他对砌砖的兴趣，引向我正着迷的置石乐趣，他大概觉得勉为其难，后来就不了了之。

10

前两年，在溪山庭石山初成的工地上，我忽然发现一堵古怪砖墙位于名为齐楣的混凝土框架间，看似平整的砖墙表面，实际上每块砖头都被砍过。就向甲方陈飞咨询缘由，说是齐楣藤架 20 厘米厚的混凝土框架，使得砌筑 24 砖墙遭遇困难，就让工人将红砖砸成七分头砌筑，加上两侧抹灰，就能与框架找平。我对自己居然会出现如此纰漏困惑不解，就与搭档钱亮复盘此事，它出自框架内填充材料从砌块到红砖的临时改变。即便如此，我在清水会馆积累的各种红砖细部，多半都出自坚持不砍砖的基本规则，在溪山庭如今已被抹成浑水的墙内（图18），竟会出现满墙砍砖的意外，每次想来，都还会觉得不可思议。

其缘由，大概是我初次掇山的紧张所致，其情形，类似于我从水边宅到清水会馆的注意力转移。从水边宅旁观工人用砖的砌筑经验，让我在清水会馆沉迷于表现砖的各种细部，那种初学者的兴奋与专注，一度让我忘记了水边宅的家具建筑主题，直到清水会馆庭院收尾时，我才以砖块砌筑了几件家具。这一次，我意欲在溪山庭的叠石为山，也不同于红砖美术馆的置石为庭，我再次陷入初学者的狂喜与焦虑间，对工地那些原本轻车熟路的红砖砌筑，才会熟视无睹。

就在溪山庭无关紧要的置石收尾中，我得以发现掇石与砌砖的不同表现，下述相关置石的这段文字，是我在《表意的缝隙》里删掉的那段。

图 18 溪山庭七分头砖抹平后的浑水效果，钱亮摄

11

前不久，陈飞发给我一张工地上的石头照片，是我新近为溪山庭堆叠柳岛的群石之一。他将这块巨石被黄泥淤塞的部分掏空时，发现一个环形凹坑，他说他想利用它为柳岛将来的活动做个洗涮水池，我喜爱他这一相关功能的场景构想，对他这两年已摆脱象形的相石趣味，颇感欣慰。

次日，陈飞在那块巨石表面，又发现本不起眼的浅薄凹槽，可以接通那个新掏深坑。他在整块巨石的高处，临时拉来一根指

粗水管引水试流，并发给我一段试水视频。涓涓细流渐渐积满石表浅槽，然后淌向那个深坑，深池满溢之际（图 19），我忽然觉得，这两个一深一浅、一动一静的坑槽，竟有潭、溪这两种意象。我好奇问他要在哪里安设龙头，他在电话那头爽声笑道，这么漂亮的清泉石上流，我哪里还舍得当成水盆用？隔日，他买来一根水钻，在石尾小心翼翼地钻了个隐蔽小孔，他将水管设进去，又找来与巨石色泽相近的两块拇指大小的碎石，仔细地遮挡水口。当他向我描述如何摆放那两块细石——既要用它们压住冲流，又要让水在石下有泪出之态——的复杂意念时，我忽然觉得，陈飞

为密斯为何要仔细摆放砖头的建造动作，提供了另一种表意具体的诗意指向。

我如今已能分辨出砌砖与掇石的表现性差异。我过往常以表意一词来兼论它们，我所砌筑的那些砖墙，无论是基于经济性的不砍砖，还是基于功能性的藏灯纳光，都只表现出我自己寄托于建筑学内部的专业意图，而无论是掇石为山还是理石为池，它们所要表现的则是外部自然的动人意象。然而，如果我在砌砖过程中不曾坚持表达某种专业意图，我大概永远也无法分辨建筑意图与自然意象的差异，我大概就会将一堵毛石墙自带的材料形象，模糊地当成自然意象。

12

十多年前，周仪第一次和万露一起参观清水会馆时，就觉得这是初学建筑者最好的实习基地。最近几年，她开始带本科建筑设计课，又屡屡提及此事，她说你能想象一群从未见过房子如何建成的学生们，将来设计的成千上万幢房子却被建成的可怕情形吗？

当年张永和创办中心时提及类似问题时，我并没觉得有多严重，直到我自己在工地上的一次遭遇，才对此感触极深。在清水会馆的庭园工地上，因为聚焦了一群不同学校的毕业生，我将督造工地的事项，分配给不同学生，我自己在敞厅里修改设计。当时正在砌筑一个多孔砖拱顶，两侧侧墙已砌筑完毕，四角被砖包裹的构造柱也植好钢筋，就安排学生们监督工人为拱顶支模，等到下午收工之前，我照例去巡视工地，爬上已织好模板的拱顶（图 20），我发现拱顶的模板与构造柱间，竟没留柱顶间的布筋洞口。我立在墙头，怒视底下那群各校毕业的建筑系学生，逼问哪个学校没教过柱板间的钢筋要绑扎一起？如今拱顶的混凝土又如何能灌入柱间？学生们惊恐四退，只有一位学生留在原地，垂头低语，说是工人说了，这样没有问题。我瞥见几个瓦工在一旁窃笑，心知他们又在戏弄这群有专业而无经验的学生，就连同工人们也一起怒骂不止。

那天晚上，我将学生们都轰离工地，勒令他们不许再来。次日，他们又整齐地出现在工地上，看着那群依旧渴望学习的学生，

图 19 溪山庭陈飞试水，自摄

图 20 清水会馆庭园里的拱顶模板，方海军摄

我真切理解到张永和为何将建造研究当成中心的核心课程，也意识到中心没能办成本科该有多么惋惜。张永和是以教育家的视野，想改革整个本科教育不甚及物的风气，我只算是这门建造课程的执行者。我至今还痛恨被学生称为老板的零星经历，对学生们喊我老师，才觉心安，但只有张翼至今还坚持喊我师傅，才是我真正乐于担当的角色。安身于师徒之间言传身教的氛围里，我就可以对整个行业的实际情形，不去焦虑，我只想确保我自己的学生，不至于对建造实践一无所知。

　　如果不是这次备忘式的记忆整理，我甚至记不起自己从纸上建筑到建造实践的经历也并非自然而然地发生；如果没有张永和对我讲过一个并不动人的建筑故事，我当时的理想，只是一辈子做些纸上建筑的设计，至多以卡纸板模型来模拟现实。如果真就这样，即便我日后幸运地转向园林，也多半会将吟诗颂词当成园林设计。这一愈是清晰，就愈是悚然的记忆，让我觉得，那些关于清水会馆实践前后的遥远记忆，即便琐碎，也值得梳理；即便它们无助于暮色苍茫的设计行业，至少，我可以从个人的视角，为已被拆除的清水会馆，或行将消逝的北大建筑学研究中心，勾勒出一幅遥远而交叠的模糊剪影。

　　　　　　　　　　　2022 年秋，北大资源东楼

北大建筑（记）

1 写作与发表

1995 年底，我在清华 601 宿舍读书，忽然收到一本《建筑师》杂志，里面夹了张便笺，写着"请来编辑部找我"的字样，我莫名所以，还是如约前往。第一次见到主编王明贤，他说是清华的关肇邺教授寄给他一批课程论文，其中有我写安藤的一篇关于"墙"的文章，文字虽不流畅，却在思考问题，就想在发表前，约我谈谈。当时谈了什么，我已记不清楚，我却幸运地开始了不曾投稿的发表生涯。

次年春，我未能如愿提前毕业。
我的论文虽未通过，却不用修改，后来还全文发表；我已确定去北京工业大学教书，但还要在清华呆上半年，才能毕业。无所事事之际，王明贤让我做个自拟题目的纸上设计，我就手绘了两套设计图纸。我中意那个纯以墙体叠成套盒的方案，帮我建模的同学，看不上它的外观普通，他选择我另一个带有夹角的设计建模，他自行加建的那个椭球，我并不喜欢，但还是将这两份设计，交给王明贤。他发表了那份有椭球的设计，并为它添加了一个《实验性设计方案》的标题。按王明贤最近在《关于北大建筑》里的追忆，他用以涵盖中国当代建筑现象的"实验性"一词，就始于这个标题。

在那前后，王明贤还寄来过一张古怪请柬，上面只有时间、地点及十来个人名，皆以等大字体等间距排列，除王明贤与我的名字外，我只认识杂志上见过的张永和。那次聚会，我第一次见到张永和；那个地方，是他回国后的第一件作品，由他自己的两室一厅公寓改成，空旷得连张椅子都没有。大家席地而坐，既有评论家，也有艺术家，既有文学家，好像还有哲学家甚或科学家。除张永和夫妇外，我只记得名为李巨川的同行，张永和介绍这位跨界建筑师时，说他最近创作的两件作品，都是与一块红砖同居的"艳遇"。听说有人对砖还能着迷，我就挪到他身旁，低语询问。我记不清张永和当时讲了些什么，却记得张永和的父亲中途进来的场景。身材高大的张开济，立在人群当中，俯视着我们这圈席地而坐的年轻人，说他喜爱这种低层高密度的坐法，并宣称低层高密度的建筑，才是未来中国城市发展的正确方向。

之后，王明贤带我参加各种艺术家聚会，几次下来，我对艺术家们海阔天空的空谈，失去兴致，却对张永和不时召集我们去他家谈论建筑，兴趣盎然。有次夜里，他摊开一本才从国外带回的建筑专辑，说是刚出版，我大概是国内第一个翻看这本专辑的建筑师，好像是西扎的建筑，等张永和约我为他主持《建筑师》的专栏写文章时，我本想写西扎那些充满雕塑感的白墙，他却以我写过安藤为由，让我写并不熟悉的妹岛和世，仅因她也是日本建筑师。我勉为其难地写了篇《空旷的运动》，我将妹岛空间的空旷，视为对墙拆解与重组的结果，我以范斯沃斯住宅为例，一旦将其玻璃与窗帘的叠合，拆解为透墙与障墙，我就可以将妹岛常在玻璃盒子内以帘分割的空间，纳入我所熟悉的墙话题。

张永和对这篇文章还算满意，很快又约我为他和宋冬合作的"Borderline"装置写评论。那件穿过各种障碍物的概念性轴线作品，让我得以将墙与路、堤与河、桥与门等相关空间开阖的配对词语，进行空间概念的反转，张永和对我以《边非缘》命名的这篇文章，真心喜欢，先是发表在中文期刊《方法》上，随后又请人译成英文在外刊发表。我在这两篇文章中思考的问题，影响了我那时设计的大地窖，我将原有地窖与内部隔墙间的水平壕沟，当成垂直负墙，又以可吊起成门的吊桥，表达了墙与壕、桥与门之间可供转换的操作。

2 读书与教书

我去北工大建筑系教书时，本想直接教设计，又觉得我孱弱的建筑史知识，难以支持设计所需，就想着以教外建史之名，自学一阵子建筑史再说。当初我报考清华建筑史，只是头一天才改的志愿，我本科材料、结构与构造等多门专业挂科，让我觉得报考清华的设计，多半会凶多吉少，才临时改成建筑史。我在西北建筑工程学院读本科时，外建史老师临时出国，我虽拿到不错的学分，却形同未学，考研时应急自学的那点知识，也在清华恶补阅读量的那几年，早已失去记忆。

我在清华借阅的书籍，多是哲学与科学的科普书籍，或艺术与文学的理论评述，等我决定教书时，才觉得全无专业的史学储备。这次为教书而读的书，范围极为明确，沿着建筑史教材的简要线索，我阅读能找到的一切相关资料，以对教材进行补充与批注。头两年，为每周两小时的讲课，我大概需读四五天的书才敷使用。这种读书与教书几无缝隙的节奏，到第三年，才有所缓解，我开始接手一些画家住宅的设计，我和系里的建筑老师，几乎没有来往，却和美术教师交往甚密，我设计的第一个画家住宅，就是他们介绍的甲方，然后口耳相传地又有几位画家找来。

或是这些纸上设计的诱惑，让我想提前转教设计，并接手了98级的设计初步课。为准备教案，我翻译了吕彪送我的那本海杜克专辑，参考其九宫格教案，我为学生出了一个"魔方住宅"的设计题。

在清华宿舍遇到李岩、吕彪，让我对教育的能效范围，有所怀疑。我以为，最好与最差的学生，皆非学校可教，前者因兴趣自学，才能出类拔萃，后者因无兴趣才会自暴自弃，学校的好坏，只体现在对中间那部分学生的教育能力。我以为，与其教会学生从大门到体育馆设计的具体技能，不如诱发他们发现空间设计的乐趣，以带动他们自学的愿望。

为让新生以游戏心态进入设计，开课的第一天，我让学生各带九宫格魔方，任由他们扭成自己满意的色彩方体，我只要求他们将其结果绘制成图；随后，我要求他们以胶泥复制上节课定型的魔方，并将魔方的立方体量，掏去同色的三块，掏空部分既可相连，也可散开，还可二一成组；最后，是将剩余的几何体量，转换为卡纸板围合的空腔体块。直到这时，我才明确设计住宅的任务，我要求学生们在这个假定9米见方的空腔内，安排大小不一的功能空间，作为一种游戏规则，完成的设计，既不许堵塞已掏空的贯通空间，也不许擅自突破九宫格3米见方的隐形边界。

我严禁他们参考别墅资料集，我讲解的案例，多半出自张永和新出的《非常建筑》，以及张永和那时不多的实践作品。结果喜忧参半，大概有四五份学生设计，让我大开眼界，多数学生，对这种空间先行的设计方法，并不适应，他们总想将常规的别墅平面，塞入魔方虚体中，且无视九宫格带来的几何限制。

有个学生翻转魔方的空间，本来极为动人，功能安排也还妥当，只是楼梯总有问题，为了解决楼梯问题，他忽然放弃了全部工作，变成一个既无问题也不动人的方案。我以为，一旦养成这种将回避问题当成解决问题的习惯，无论多么动人的起点，都不可避免地沦为平庸，我说服他回到楼梯还有问题的状态，又和助教陶为与他一起讨论，最终，这部解决了问题的楼梯，反而成为整个空间最生动之处。

或是受到张永和那时常用磨砂玻璃的影响，不少学生也都选择了磨砂玻璃，理由都是它既透光又不透视线。我尝试着引导学生们将材料的答案，反转为设计问题，我问学生，如果不用磨砂玻璃，有谁能设计出既透光又不透视线的构造，最终，有位女生以两层木板间错位叠合的空腔，设计出符合要求的两种外墙构造。

期末评图前，大概有七八份我觉得不错的作业，就想找人分享。我试着给张永和打电话，问他是否有时间帮我评图，我那时还不知道可以申请外请老师的费用，张永和也没计较此事，他自己打车来到北工大，我请他在校门口吃了顿老家肉饼，他挑了几件中意的学生作业，逐一进行了仔细点评，对那份有着透光不透视线的设计，张永和也赞赏不已。

3 设计与展览

寒假刚开始，我接到王明贤的紧急通知，为配合国际建协1999年6月在北京举行的第20届世界建筑师大会，他邀请我与张永和、王澍、刘家琨等八位中国建筑师，参加中国青年建筑师展。这些人里，只有我还没有建成作品，时间紧迫，就趁寒假间，虚构了一个"作家住宅"的设计。美术教研室的姚健，那时已被我带入建筑学的"坑里"，他自告奋勇地帮我渲染那个图量巨大的模型，在将机房一台电脑烧坏后，终于在开学前后，帮我赶出"作家住宅"的图版设计。

春节期间，我照例去王明贤家拜年。他罕见地有些忧心忡忡，他所策划的中国青年建筑师展，还有一个名额未定，虽有许多毛遂自荐的建筑师，但他并没发现合适人选。我对建筑师行业无知，完全提不出任何建议，就一句没一句地闲聊，临行前，他问我最近在忙些什么，我提及带"魔方住宅"设计课的收获，也谈及请张永和评图，听说张永和对"魔方住宅"的评价甚高，他忽然就下了决心，要将我学生的魔方住宅，当成中国青年建筑师展里一件独立的教学实验展品。我既忐忑，又欣喜。开学后，就与陶为一起，挑了几个优秀方案。与学生们一起完善设计时，觉得这些以铅笔绘制的图纸，不宜展览，我那时才学会 CAD 建模，就与陶为分工，将几份学生作业，在电脑里建好模型，版面完成之际，我们虽疲惫，却欣慰。看着电脑里连我们都有些嫉妒的学生设计，陶为忽然扭头问我，如果没有学生各自不同的设计起点，你自己能不能设计出这么好的设计。我仔细想了想，说大概还真就不行。

展览时的遭遇，一言难尽。

由王明贤负责的中国青年建筑师展，并不符合中国建协的官方格调。开幕式的前一天，我们被告知取消在中国美术馆的展览。将展览迁往北京国际会议中心的临时决定，不知耗费了王明贤多少心血，其间周折，王明贤在《今日先锋》第八辑里，以一篇题为《空间历史的片断——中国青年建筑师实验性作品展始末》的长文，对此展开过详尽评述，那期刊物的封面，是我的"作家住宅"。学生设计的"魔方住宅"，不但在这本杂志里以插图形式出现，后来还在《建筑师》上以彩页刊登。

在北京国际会议中心的布展现场，一位参展建筑师，对"魔方住宅"与青年建筑师作品一起参展，极为不满，他希望王明贤将"魔方住宅"的展板，挪至全国高校学生联展的展区，并以长辈的口吻告诫我，我们这些参展建筑师里，只有张永和才有资格排在他前头，我最年轻，理当听他的安排。我既理解，也不甘，我将展板撤到一旁，本想与王明贤合计能否撤掉我的展板，我仅以教师身份展览学生作业，却见他焦头烂额地帮没来现场的王澍布置展览。左右为难之际，张永和被一群人簇拥而来，听完我讲的情况，他仔细地看过展板上"魔方住宅"的每件作品，又浏览了一圈青年建筑师的展板，他随后对王明贤讲的话，我至今还言犹在耳，他说："明贤，我觉得董豫赣的学生作品，比我们一些参展建筑师的作品还要好，要按我的建议，'魔方住宅'不但可以与我们一起参展，可能的话，最好能署上每个学生的姓名。"

如果说，我这辈子有那么几次心存感激的时刻，那一定是最重要的时刻之一。

4 北工大与北大

张永和有天忽来电话，说是有事要见面商议。

他开门见山地告诉我，他很快要在北大创办一所建筑学研究中心，有家基金会能提供充足的筹建资金，北大校领导特批他可以决定招收哪些人才，他说我是他想到的国内第一个人选。王明贤向他介绍我的评论家身份时，他当时并未太过留意，等到帮我评图时，发现我还会教设计，他说，北大建筑就需要你这种能拳打脚踢的人才。

我仔细听他描述北大建筑的前景，针对中国建筑教育普遍不及物的现状，他创建北大建筑学研究中心的理想，是想以建造研究与城市研究这两条核心线索训练学生，前者可以让学生以动手建造来实际理解建筑，后者可让学生以调研来观察理解社会。因为筹办本科耗时过长，他计划先从招硕士过渡，几年后再招本科，最终的目标是要培养既能实践又能思考的独立人才。他以为首要之事，就是聘请合适这类要求的优秀教师，除我之外，他提名的国内外几位候选教师，我一个都没见过，只记得张永和想请华语圈最好的本科教育家顾大庆，还有最好的理论批评家王骏阳，城

图 1 博雅塔背后的方楼，自摄

市研究课好像是想请澳大利亚的阮昕主持，建造研究课，我不记得他提及的是王澍、童明还是别的什么人选。

我对张永和描述的前景，颇为向往，他随后的承诺，才让我真正心动。他说："你既然喜欢待在象牙塔里做学问，北大建筑可以给你提供这样的象牙塔。"他还调侃说："你看未名湖边的博雅塔行不行。"几如谶言般，北大建筑学研究中心我最喜爱的周四论坛，就在博雅塔背后一座青砖方楼顶层（图 1）。2005 年张永和离开北大后，他所开设的两门核心课都相继中断，只有我接手的周四论坛，还在楼顶断断续续地持续了两年。

2000 年 5 月，北大建筑学研究中心正式成立，张永和想延请的那几位教师，都还没有确切消息，中心所在的镜春园，几间老屋还没收拾完，简短的成立仪式，在镜春园门口举行。那天日暖风和，门前密竹翠微，竹西新荷满池，几位德高望重的前辈，簇拥着张开济，立在门东，我在门西观礼的人群里，张永和喊我名字时，我正躲在竹荷间抽烟，手忙脚乱地低头掐烟，手足无措地举手致意，张永和介绍我说，这是他目前唯一的年轻同事。

办理两校间的手续时，我对自己这种从未出过国的土硕士能否调入北大，并不确定，但一切皆如张永和所料的顺利，北工大虽同意我离校，但希望我还能带半年设计再走，中心因为成立时，已错过硕士生招生时间，张永和从清华招来两位保送的学生，成为中心第一届硕士研究生。开学后，我往返于北工大与北大之间，在镜春园前院，常常看见两位新生，为搭建一座轻建筑，展开各种建造活动。

5 从纸上设计到建造实践

2001 年初，我正式调入北大，张永和发现我对建造研究与城市研究都不甚热情，就安排我开设"建筑与艺术""文献阅读"这两门课。张永和那时才出版了"北大建筑"丛书的第一本《（无）上下住宅》，建议我将来也出本相关课程的小册子。我将这两门课合二为一，安排学生翻译极少主义文献，我自己则讲解极少主义艺术与文学案例。两年的结果下来，我出版了自己第一本小书《极少主义》。

我对学生在镜春园自己动手盖房子的事情，不太关注，对那时密度极高的国际大师讲座，也只挑着听，唯独对张永和晚间开设的论坛课，我几乎每次都去。论坛有时是张永和主讲，有时由学生主讲，有时外请人士主讲，张永和对我影响最大的两次谈话，都发生在从镜春园到方楼论坛的往返途中。

张永和想说服我介入实践，由来已久。最早是在他那套公寓里，我那时在非常建筑短暂的工作过几个月，见过他与鲁力佳初学施工图绘制的艰难，觉得那些满是数字与文字的施工图，远不

如他发表过的那些设计美观。他也曾带我去他晨兴数学中心的工地，从那些布满钢筋的缝隙中穿过的经历，我一点也不觉得惬意，我那时只想成为海杜克那样的纸上建筑师。有一次沿着未名湖往周四论坛方向走，不知何故谈起才去世的海杜克，张永和说他有阵子做设计，只要一闭眼，就浮现出海杜克的设计，让他警惕的是，海杜克去世后，他的一件墙宅设计，被好事者建成，在图上的动人之处，在现实中却忽然崩塌，我当时的直觉反应是，或许它就不应该被实际建造起来。

还有一次在湖岸走，大概是时间充裕，张永和的话题从文丘里那本《建筑的矛盾性与复杂性》开始，他曾问起文丘里为何要写这本书，老先生的回答是因为没有房子盖。张永和以为，建筑评论或纸上设计，在任何国家任何时候都可以做，只有在中国，才有盖房子的大把机会。大概是发现我的无动于衷，他又给我讲了个美国同事的小故事。这位建筑教师，狂热地想要盖房子，却难得机会，有次获得为一堵墙粉刷的机会，他既珍惜又认真的态度，感动了甲方，就允许他在这堵墙上，自行开凿几个洞口。这个并无惊人结尾的刷墙故事，不知怎么就刺激到我，我想，以后如果再有设计建成的机会，我应该去现场看看房子到底是如何盖成的。

还有一次，由四位学生主讲的周四论坛，我记不起议题，但我记得张永和极为罕见的雷霆之怒，或是受当时 F4 偶像组的影响，海报上有四位学生的头像，印有与各自姓名相关的"H4"字样。张永和对这张海报无关专业的训斥，既严厉又持久，连课都没上成，晚上一起往镜春园方向走，余怒未消的张永和，语气萧索地告诫我：

"你要做所有人都没耐心去做但很重要的事情。
你也要关注所有建筑师都在关注的重要话题。"

我觉得，以我的智商，大概无法分神到所有重要话题，但我的毅力，应该可以做些需要耐心的持久之事。我将他这两次湖畔建议，合二为一地投射到那时正待施工的水边宅，我开始驻扎在工地上，旁观工人如何砌筑砖墙，如何绑筋支模，如何浇筑混凝土。我不但开始关注中心学生在镜春园搭建房子的工地，也开始参与他们之间相关建造的讨论，甚至还偷偷去看我头些年设计并

建成的一幢艺术家工作室，惋惜自己从未去过工地的失控结果，但对张永和建议我要关注建筑界都在关注的城市话题，置若罔闻。这虽引起他的不满，我却以为，我正坚定地走在张永和为我指引的建造实践的路途中。

6 建造与实践

第一届从清华保送来的两位学生，陆翔温和寡言，黄源语锋犀利。开学后不久，就见他俩如蜜蜂般在镜春园前后忙碌，他们的建造课，是以胶合板为结构，搭建一间木工车间。他们自己去建材市场，挑选胶合板材；自己将这些胶合板锯开，将它们胶合成梁成柱；自行测试这些梁柱的承载力，并合力将它建造起来。陆翔始终如一地认真，黄源中途就开始怀疑这种劳作的意义，一次似乎与张永和起了争执，在前院与我交流时，神情沮丧，甚至动了想要退学的念头。我那时还在迷恋纸上设计，对学生自己动手盖房子的事，也不甚理解，但我那时的好脾气，还可安抚学生的情绪。

2001 年，中心招来第二届的四位学生，杨帆、黄燚、韩彦、钟鹏，他们的建造任务，是为上一届已建成框架的木工坊，加建一个带保温的屋顶。他们选择以阳光板覆顶，以空矿泉水瓶当保温层。制作过程的中途，我不记得是钟鹏还是谁，也有了些情绪，说是动手制作安装十个二十个矿泉水瓶，就足以理解其建造工艺，但千百次的重复劳作，问我到底有何意义。我觉得，以劳作来训练耐性，自然必要，但对学生对意义的追问，也觉合情合理，只是不知如何安慰。好在这两届学生接力建造的这个车间，既轻巧，又明亮，大家都还满意，并以《79 号甲 +》的书名出版，成为"北大建筑"丛书的第二本。

随着第二届学生在前院东侧建起一座可滑动的房子，这两届学生的建造成果，加上镜春园功能的调整与完善，前院后院的隙地，已无法为 2002 届的七位新生，提供新的建造场地。镜春园西侧禄岛上的旧有建筑，在唐山大地震时坍塌成废墟，成为北大垃圾周

转处。张永和以为四面荷柳的池岛，被现状糟蹋，就向学校申请复原改造。方拥教授带着这一届学生，开始在岛上建造一座古建式样的小院，用作教师办公与会议的场所。这一持续了三年的建造活动，因为涉及古建制式的特殊技术，主体皆由古建施工队承建，学生们多半只做些辅助性工作，往后的两届学生，我只记得臧峰在后山独自实验过一堵夯土墙，其余学生，大多参与到禄岛不同工期的督造中，学生自己动手盖房子的建造活动，基本告停。

等到 2005 届几位学生来到北大，连禄岛小院的建筑，都已完成。被《79 号甲 +》吸引来的王宝珍，发现没有动手盖房子的机会，看着高年级留下的建造工具，手痒难耐，他先是动手做了把不太舒适的椅子，后来又用东门拆迁来的旧瓦，在后院铺了一块不着灰浆的瓦铺地。

直到这届学生毕业，我才意识到建造课的重要。在我每周四研究生组课上，一位颇有设计天赋的学生，设计了一个轻巧的木结构坡顶，却用了五厘米厚的钢板当望板，或是我铁青的脸色吓着他，他犹豫地问我是不是太厚，我忍不住极尽讽刺，说这么厚的钢板，在妹岛的轻建筑里，当结构都绰绰有余。

我自己也有些后怕，若非我在镜春园后院，见过王辉用一厘米厚的钢板制作的书架有多厚重，我估计也不会对图上的材料厚薄有任何感知。冷静过后，我谈及张永和时期中心的学生，人手一本《钢结构型材手册》的翻阅习惯，也谈及臧峰毕业前对两届新生的训话，都是督促他们在动手中把握材料、结构乃至工具的具体特性。我还请来已毕业的陆翔，到我的组课上讲他的实践，他习惯地从带在手边的几件型材开始，讲解他以这些具体材料开始的具体设计。我最近一次对图纸与实际型材间的错位教训，是在前年山中天扩建的验收现场。我发现一处矩钢焊接钢板密肋的古怪焊缝，朱熹满脸通红地承认，我在图纸上绘制成直角的矩钢，实际型材都有很小的倒角，与三角扁钢密肋按图焊接时，就有难以密接的简陋。朱熹后来在组课上，面目狰狞地教育我那些在读学生的情形，像极了臧峰过往对中心学生的训诫，他说任何型材的实物细节都绝不能简化，最好能去工地或材料市场实际考察。

他训话时面前的那张玻璃长案，支架就是陆翔当学生时以角钢焊接，因为我们都很喜爱其清晰的构造，中心从镜春园腾退时，我特意让工人将它搬到南门外我的办公室，用作我们周四组课讨论的围坐台面。

7 城市与调研

张永和成立北大建筑学研究中心之前，已建成几件作品，它们切入设计的方式，既有电影研究的视角，也有城市研究的视角。他曾以电影《后窗》里的窥视视角，反省幼儿园门窗设计的童趣教条，以此发动对幼儿园活动空间的游戏性设计。在早年的一篇《小城市》文章，张永和对城市的观察视角，既有得自文学作品的城市想象，也有自己对不同城市的亲身体验。带着城市可以多小的具体追问，他在晨兴数学研究中心的设计中，将一座原本普通的研究所功能，细分为不尽相同的行为空间，并以廊桥的联系，构造了一座微城市般复杂的交往空间。

当时中心学生的跨学科研究，学到了张永和的跨专业方法，却罕有张永和明确的建筑视角。旁观几位学生的电影研究，看他们分析电影画面中摄影师的机位，以及演员的站位关系，总觉得这不是跨专业研究，倒像是换专业研究，至少没有张永和叠合了电影与建筑之窗的建筑焦点。城市研究课，除头两届学生还能发现可带入建筑讨论的城市问题，后来的城市研究，多半发现的只是一些城市的视觉现象。还有几位学生的城市研究，只得到地下店面没地上店面租金高，或麦当劳分布在主要大街上这类结论。我当时忧心忡忡，既不知道这些居委会老太太都知道的结论，为何需要建筑专业的城市调研，也不清楚这些结论，如何能回馈建筑学专业。

张永和离开中心的那一年，将城市研究课交给我，我对此一筹莫展，正好有位普林斯顿大学的毕业生，自告奋勇地帮我带这门课。我那时正全力以赴地投入清水会馆的建造，课程结束时，我请他吃饭道谢，他不无沮丧地告诉我，中国学生似乎缺少在研究中发现问题的敏感与能力，而据我自己对城市研究课程的那几

年观察，或许是城市研究方法的设置问题。张永和最初为城市研究课，还提出过大院或交通这类指向具体的命题，等到张永和去哈佛担任丹下健三教席，接任这门城市研究课的几位学者，都主张不带主观视角的研究方法，以为用客观的视角，切入城市研究，就会切出一些重要问题的视觉切面。我对此颇感怀疑，如果没有聚焦于建筑问题的具体视角，这些跨专业的城市调查结果，如何能反馈到建筑学专业？

张永和在哈佛教席的任期结束后，我曾请他比较在哈佛与北大两处任教的不同感受。他以为，哈佛建筑如今过于关注各种跨学科话题，以至于失去建筑学核心议题的边界，得出哈佛博士不如北大硕士的评价。我一厢情愿地以为，这是对北大建造研究课的评价。我觉得，哈佛的城市研究，大概与北大的城市研究一样，都还处于尚不成熟的摸索阶段。

几年后，一位外校建筑学院的年轻教师，兴致勃勃地对我讲他带的城市研究课，愤愤不平地投诉他的领导对其研究的不支持。他带学生研究某个城区的门牌号，发现很多单门门牌，实际上包含了范围复杂的区域。因为预感到这类研究的不及物，也觉得这只是张永和早年研究大院的残余，我打断他眉飞色舞的阐述，问他如何将这些研究带入学生的建筑设计。在夜色中，他神情不悦地反问我，城市研究为何要对建筑设计有用？

又过了几年，我去香港大学讲我自己的造园实践，讲座结束后，几位内地学生围住我，对我的讲座以及葛明讲的体积法，都心存感激，以为终于有人在讲建筑学的专业问题，而他们过往许多散发表格式的城市调研，总让他们觉得自己并非建筑专业，倒像是在从事一些内地居委会的工作。

8 论坛与议题

张永和设置周四论坛，大概是用来讨论城市研究与建造研究课程间发现的问题。张永和时期的论坛，被他带入的议题之多，不但囊括了往后十几年建筑圈的多半话题，也涵盖了如今还在讨

论的多半建筑实例。而当时被学生以城市、文学、电影、社会学或其他视角所延展的论坛话题，一度让我怀疑它们是否延展得过于宽泛。

或是张永和曾谈及过卡尔维诺的《看不见的城市》，或是北大建筑学研究中心成立于 2000 年，卡尔维诺的《未来千年文学备忘录》的几个文学议题，也被带入建筑论坛。这本是卡尔维诺为哈佛讲座拟定的六个讲座的议题，作为对将临的 2000 年文学特征的预言，他只讲了五个议题——轻盈（Lightness）、迅捷（Quickness）、准确（Exactitude）、可视性（Visibility）、繁复（Multiplicity），就意外去世。

有位学生，将卡尔维诺的"轻盈"议题，带入周四论坛讨论建筑，好像还有谁拿来一本 Light Architecture 的建筑专辑，封面是妹岛建筑的轻盈图像。论坛的议题，大概是将现代建筑以白色涂料、玻璃或反光材料构造出的轻薄感，当作对传统砖石砌筑的重建筑的反判。在我读过名为《美国讲稿》的译本中，在《未来千年文学备忘录》被译为"轻盈"与"快捷"的两讲，被分别译为"重量"与"速度"，我因此觉得，卡尔维诺的第一讲，并非讨论相关轻盈的形态特征。

针对主讲者为白色赋予的现代性与抽象性，我以为，无论是柯布西耶从地中海民居得之而来的白色，还是中国南方民居或庭园白墙灰瓦间的白色，都无法指认白色意象的现代性。若从白色涂料能掩盖内部材料的物质属性而言，我同意白色具备抽象的属性，但质疑白色必然导致轻盈的视觉效果。以西扎那座白色教堂为例，其洞口的实际厚度，与轻盈的意象间，到底是因为白色还是形体？抑或主要是光线原因？借此，我对 Light Architecture 里的"Light"一词提问，它是应译为"轻"，还是该译为"光"？

与我的咄咄逼人不同，张永和对学生议题的讨论，很少评判，只在话题卡壳之际，才以一些例子稍加延展。针对白色涂料与砖石砌筑的话题，张永和提及斯特林去朗香教堂现场时，愕然发现其白色多为砖块砌筑的表面粉刷。我记不清张永和是否讲过这件事对斯特林的影响，但我记得张永和讲过另一幢肌理奇特的砖房子，因

为现代砂浆的高强黏合度，使得传统砂浆以砌砖错位而担保的坚固砌法不再合理，人们对现代高标号水泥砂浆砌筑的砖墙进行破损实验，损坏并不是沿着砖墙砌缝断裂，而是如整石般断裂，建筑师因此获得一种介于砌筑与浇筑之间的整体性工法。灰缝有时比砖块还厚，砖块像是浇筑混凝土砂浆中的镶嵌骨料，混凝土砂浆则像是印象派色彩鲜明的笔触，我对这些由技术问题延展出的可能性讨论，极有兴趣，当时我想起来的建筑实例，是赖特东塔里埃森的毛石墙，后者确实是在模板中将巨石与混凝土浇筑成墙。

还有一半左右的论坛内容，是我不甚积极的城市议题，但对早期以城市视角切入建筑的几次讨论，还记忆犹新。陆翔调查长安街两边的建筑，发现它们都有朝向大街的正面形象，却因交通问题，实际入口多半都在背后或一侧。我因为记得读到过沃林格关于正面性的讨论，就想着这种情形，大概与爱奥尼柱式遭遇正面与侧面转角交接的问题类似。我连带着思考古希腊半圆形剧场与古罗马圆形斗兽场的形状问题，我以为，观众与演员直接面对的正面性需要，使得半圆形剧场，有聚焦舞台的空间用意，而在斗兽场里的野兽，大概无法确认观众席的面向，才使圆形的围观变得合理，我后来还以"讲座"之题，到东南大学讲了一次关于身体与建筑的讲座。

冯果川是以车行观察城市的视角，切入建筑批评，他选择的"速度"议题，不知是否源于卡尔维诺被译成"迅捷"或"速度"的主题。他以车行速度的运动视角，批评古典建筑基于定点透视的静态立面，批判的例子是崔恺的外研社大楼。他拍摄了一组外研社的现状照片，隔着新起的高架桥，无法看全当时设计图纸上的沿街立面，他还拍摄了从桥上车行时的一组照片，他质疑其静态的立面形象，并不适合车行速度的动态观感。单就外观形态讲，我在高架桥上的车行观感中，至今还觉悦目的两座建筑，一座是北四环北京国际会议中心的一幢白色板楼，还有一座正是崔恺的那座外研社。但我对自己这种浮光掠影的观察，并不确定；对这种以动态形象来批评静态形象的方法，也不以为然。巴洛克建筑对古典建筑的动静批判，似乎并不依赖步行或车行的速度角度。

冯果川演示努维尔的一件投标设计，我从未见过，也记不起功能，只记得是在高速路旁，一堵绵延的高墙，就像柯布西耶构想阿尔及利亚的线性城市般壮观，但它既无关城市研究，也无关其背后阵列的普通建筑群，其朝向马路的如墙立面，以单一红色覆盖，连同其与高速路相连的地面也被刷红，它并不是以适合车行的动态形象出现，而是以其绵延千米的超长尺度，以及对司机而言极为刺眼的红色，成为高速飞驰的车行视觉无法回避的视觉奇观。

我后来在现当代建筑课上以“奇观建筑”的标题，用以总括努维尔、库哈斯以及盖里的建筑形象。“奇观”一词，就来自努维尔对自己这类作品的描述，尽管努维尔的一些作品，远比外研社还要古典，有些甚至还具有明显的纪念性。关于奇观建筑，我记得张永和在讲解盖里的毕尔巴鄂古根海姆美术馆时，他盯着那件最为著名的奇观建筑照片，很是沉默了一会，然后不无释怀地笑着说，一个城市有这么一两件作品还挺刺激，但如果全都是这种建筑，大概会比现代建筑的匀质城市，还要恐怖。

9 讲座与批判

为与国际建筑形势接轨，张永和邀来多位国际建筑大师与学者，到北大做全校公开且密集的系列讲座。那些大型的公开讲座，每次都人满为患。人数最多的一次，是伊东丰雄讲他才建成的仙台媒体中心，因为太挤，临时挪到北大的一个大厅里，依旧还有听众在广场上挤不进去。情况最紧急的一次，是请库哈斯，临近讲座之际，他忽然要求更换帮他预定的酒店，资助系列讲座的刁中，觉得可以满足库哈斯的要求，鲁力佳却坚持要一视同仁，有惊无险之后，刁中叹息不已地对我讲，每年他的一和资助北大讲座的费用，都有盈余，本不至于这么惊险，我却觉得，鲁力佳那次的据理力争，相当过瘾。我收获最多的一次讲座，是西泽立卫讲他设计的一座放弃走廊的三层公寓，从形式上，与他后来建成的森山邸公寓，极为不同，但在通过取消常规要素而获得设计张力的线索上，一脉相承，我从那时起，开始持续关注他的设计项目。

这类大型讲座，每次都会聚集各界朋友，忙乱之中，偶尔要我帮忙招待外宾，我躲闪的畏态，让张永和大概觉得我在偷懒藏力。或是与张永和一起斟酌“边非缘”英译标题的经历，让他错觉我有不错的外语能力。我以为，与其强行翻译出“边非缘”的字面意义，不如以“Bord to Borderline”之名，译出边、缘相近相接的暧昧关系。张永和很喜爱这个译名，大概以为我英文功底深厚。我对自己连四级都未过的英语能力心知肚明，一旦与外宾单独相处，常常就既尴尬又难堪。西泽立卫来北大讲座的那次，晚饭时我就坐在他近旁，却连招呼都没打，有一天我去中心看书，时值张永和有事外出，让我帮忙先陪客人，我见矶崎新带着他标志性的帽子，正在图书室里独坐，就倒了杯水送进去，他用熟练的英语道谢并招呼我，我向他点头致意，却连一个单词都蹦不出，就干脆回家看书。

除这些大型讲座外，一些路过北京的著名学者与建筑家，也会被邀请到周四论坛举行小型讲座，有时就会安排我们几位教师主持与接待。我自己喜欢这种小型讲座，可以针对具体议题展开真正的讨论。一位当时以乡建著名的建筑师来周四论坛，讲他在乡村推广建成的一系列轻钢建筑，我觉得那些建筑的质量，并不算好，作为主持人，不便提太过尖锐的问题，周四论坛自由批评的优势，那一次体现得淋漓尽致。再一次，一位曾参与过那些乡建项目的学生，在周四论坛讲述那些项目建造的实际情形，既不像那位建筑师所讲比老百姓自盖造价便宜，从这位学生记录的照片看，实际入住后的情况，也比老百姓自盖房出现了更多使用问题。

那时北大建筑乃至非常建筑，都有这种自由批评的开放氛围，我们也希望招收这类敢于发表自己意见的学生。我在北工大带过的学生邢迪报考北大，张永和对其仅有一页的作品集，极为欣赏，可惜他英文或是政治分数不够。我带他去非常工作室参观时，他对非常的设计，进行旁若无人的评头论足，当时没人觉得有何不妥，等多年后再见邢迪，不知为何就失去了当年的犀利与直接。张永和对学生基于专业的各种批评，从不压制，唯独对学生抱怨建造或调研的辛苦，有时会大发雷霆，我多半时间，都会充当安抚学生情绪的温和角色。

等张永和离开北大，我忽然就像是被张永和的脾气附体，且有变本加厉的趋势。我记得张永和对那些只带耳朵来听的学生，批评甚重，就勒令自己组课上的学生，无论是我自己的学生，还是旁听的学生，都必须参与讨论。我以为，建筑师在工地上面临的压力，既有甲方的意见，也有其他专业的发难；既有承包商的不时刁难，也有工人的莫测情绪。如果没有足够坚韧的性格，大概难以胜任建筑职业，就以组课的批评压力，模拟未来实践的负压情形。组课那些年的压力之大，我后在给曾仁臻的《幻园》写序时，对此有过描述：

若按几位各有建树的毕业生的事后描述，我当年在北大的研究生小课，似乎形如炼狱。按王欣不无夸张的讲法，每到我周四的课前夜，他在睡前如厕，都还焦虑我明日可能的刁难；张翼在最近的求学录里讲，我每周抛给他的议题，若非殚精竭虑，就绝无可能完成；王宝珍后来双目泛光地告诉我，我在课上持续逼问他的冷酷面目，很久都还常入他的噩梦。或许是他们兼具才情与理想，才抗得住这压力吧。但这压力，却绝非我一人施加。在这小课上，任谁提出的议题，都要面对围殴式的绝路逼问，有人被逼出了汗，有人急出了泪，有人吓得转了导师，有旁听者来了几次，就因畏问而遁逃。

即便如此，王宝珍那一届，大致还保持着一种开放的批判精神，覃池泉到清水会馆参观以后，质疑我那些跨度不小的砖过梁存在结构隐患，还专门在周四论坛上发布了他的计算结果，听到计算合格后，我当时还长长舒了口气。唐勇哪怕在课上刚被组课批评得眼噙泪水，一旦下课，立刻就会过来拍我的肩膀，批评我的方方面面，等后来中心遭遇危机时，他还屡屡批评我的不作为。

10 招生与出题

按张永和的讲法，教育质量，首要在于教师与学生的质量，他对引入教师的谨慎，以及对招生与出题的重视，都极为罕见。

第二届招来的四位学生里，杨帆并没参加当年的考试。我第一次见到杨帆，是参加王澍在上海顶层画廊组织的"中国房子/建造五人文献展"。晚宴之际，张永和领着一位学生，分开人群找到我，说他刚与这位学生交流过，感觉可能是他目前见过最好的学生，却错过今年报考北大的时间。张永和担心人才流失，问我能不能先将杨帆招入北大，明年再参加下一届补考，我担心不符合北大的招生规则，张永和说他可以向北大递交报告试试，我自无不可，张永和果然为此递交了几份报告，杨帆才得以如愿进入北大，却要参加下一届的招生考试。

那一届的考题，是我和张永和一起命题，他既想避免需要背诵的考题，又担心考生会摸索出考题的套路，每次出题时的绞尽脑汁，都让我有技穷之感。因为记得张永和为一次竞赛出过"（无）上下住宅"的题，是以密斯的巴塞罗那德国馆为切口，我提议改造密斯设计的范斯沃斯住宅，将这位单身女医生居住的住宅，改为三口之家所用，并要求尽量保持原有的空间格局。改卷的时候，我发现一份卷子颇对我的胃口，就与张永和一起分享。这位学生将范斯沃斯住宅中仅有的私密性盒子，彻底打开与拆解，利用范斯沃斯住宅里的白色窗帘，将它们分别围成几个更小的帘盒，分别用作两个卧室、厨房、卫生间，一旦将这些帷幕全部打开，空间甚至比原来还要开阔。我们给了最高分的这份考卷，后来证明是杨帆的设计。张永和则拉我去看他改的一份设计，已看不出范斯沃斯住宅的空间原型，几乎就是一个凭记忆绘制的别墅样板图。张永和神情古怪地对我说，可惜教师没有给负分的权力，他问我判 20 分是否合适，我觉得过于扎眼，以为 40 分就可避免这种学生进入中心。

张永和将复试时的面试，视为筛查学生的最后关卡，由此还引来过一次不小风波。有一年，一位总分第一的考生，面试结束，中心几位老师闭门讨论。张永和以为，这位考生思维方式已基本定型，以他的设计与处事能力，去任何设计院或大公司，都游刃有余，但不太适合中心培养思考型人才的标准。当时几位老师，有支持张永和不招这位学生的动议，也有担心引起风波的担忧，统计下来，多数老师支持不招这位高分学生的决断，学生的长辈，后来果然来北大投诉，在张永和据理力争的坚定态度中，才有惊无险地平息了这次风波。

中心成立之初，出于引进教师的谨慎，张永和时常找我一起审核应聘教师的信息。我记得张永和给我看过一份简历，此人既有国外执教的经历，也有才华横溢的能力，张永和说这位人才过于聪明，怕是难以专心教学，张永和以极为形象的描述，勾勒出一幅画面，说是他可以一边与朋友密谈，一边处理自己手头的事情，还能顺便与第三者打个极为诚恳的招呼，我对这类人才并不赏识，见张永和很是犹豫，就力主放弃。我后来反思北大建筑由兴往衰的变化时，有时会想，如果我们最初引进教师不那么严格，乘着北大领导大力支持的头几年，迅速引入十来位教师，后来大概就不用面临景观专业的兼并胁迫。

2003 年，我接手清水会馆设计的前后，建筑中心后来的老师已陆续就位。先是张永和不胜案牍之累，想要引入他大学同学方拥教授，希望后者在华侨大学当系主任的经验，能帮他分担北大的学校事务；随后方拥又聘来老北大的张小莉来管理办公室，日本回国的王昀，芬兰回国的方海，也先后调入中心任教，完全不会中文的美国学者梁思聪，也在这个时期到来，加上几位外聘的兼职教师，算得上师资齐备。而中心的招生情况，也从前两届的两三个，扩增到每届六七个，一切都走上正轨，并呈现出生机勃勃的态势。

2005 年，清水会馆正在施工中途，先是梁思聪因北大骤降的薪水，难以维持生计，先行离开，随后张永和也正式离开北大。对于张永和离开的缘由，我们几位老师，后来各自有过几种猜测：

1. 建筑中心赞助基金的忽然终止；
2. 大力支持他的北大校领导中途换届；
3. 麻省理工系主任的职位诱惑。

我以为，大概是前两者带来的困顿与沮丧，才凸显出后者的自在诱惑。即使从我不谙世故的视角看，基金会终止赞助之事，既有张永和不够圆融的性格使然，也是他过于理想化的必然。与这笔基金关系密切的一位建筑前辈，想借用中心的场地，举办一场学术研讨会，张永和审核人员名单与议题时，发现不合他那时张罗的国际学术会议的标准，就否决了这次动议，基金会持续不久的资助，

随后就戛然而止。举步维艰之际，张永和给我们几位教师两项选择——要么选择他最初就构想过的工作室制，每位导师自行解决工作室的资金问题，就可保全中心的独立资格；要么选择纳入城环学院的学校体制，就将成为学院下属的一个虚体中心。

我很少身处那种两难的焦虑间，我既希望保持中心得之不易的独立性，又不想打破业已习惯的学术安宁。在张永和与矶崎新组织的 M 会上，我认识了南宁的许兵，这时他已独立成立了自己的地产公司。他一直想资助我的研究，听说我的为难，特意赶到北京，力劝我成立自己的工作室，知道我不善运营，还向我担保他的地产公司，可以提供研究项目的来源，他不但愿负担我工作室头两年的人员薪水，还自告奋勇想帮我分担注册公司的烦琐之事，只需我将身份证与工作室的名称给他。我觉得机会难得，就将身份证交给他择日办理，也拟定了冶园工作室的名称，我还与他一起到千里幼儿园附近，一边巡视有无合适工作室的房子可租，一边想象千里课间溜到我工作室的美好情形。当天半夜，我辗转难眠，我对自己那时的教书生活如此满意，一想到将要从此发生巨变，就总有前途未卜的不安。第二天一早，我从许兵那里要回了身份证，也断了成立工作室的念想。

出人意料地是，除张永和以外，中心其余几位老师与我一样，都选择纳入城环学院的学校体制，张永和当时的失望，可想而知，我隐约觉得，那是决定中心未来兴衰最重要的一次决议。

11 建筑与景观

方拥接手中心的头几年，我慢慢习惯了自带研究生的教书生活，中心也未见明显衰落的迹象。方拥在全校开设的中国传统建筑通选课，依旧人满为患；王昀开设的空间研究与聚落研究这两门课的成果，也陆续以《现代建筑二十讲》以及《古崖居》出版；我接手张永和的现当代建筑赏析通选课，大抵维持了张永和讲授时的影响力。随着我最喜爱的论坛课解散，我先是将自己的研究生组课安排在周四上午，以就合秋季周四晚上的现当代建筑通选课，连我自己新开的中国园林赏析课，也被我特意安排在春季的周四晚间，

并以师生间每周四的密集讨论，维持着中心论坛还在的持续幻觉。那段被我誉为教书的白银时代，依旧生机勃勃，2009 年的招生情况，还空前绝后地招到 9 位学生，方拥想引入的两位新教师，一位已通过政审，一位连体检都做了，眼看中心还有不退反进的扩张机会，一场突如其来的风波袭来，北大一位校领导，想要整合北大建筑与景观专业，希望将这两个专业合并成一个新学院。

在那段风雨飘摇的时期，我才后知后觉地意识到，中心早期的旗帜飘扬，张永和这杆大旗，为我们挡住了一直就有的合并风波，如今却全无遮拦地扑面而来。方拥领着我们几位老师，不断地与各方领导沟通，在经历了从抵制到配合再到抵制的反复，精疲力竭的方拥，大概是动了离开中心的念头，他将与新学院交涉的事项，交给王昀。有天深夜，方拥到岛上找我，谈及他对中心未来的学院前途的担忧，想约我一起转往隔壁的考古文博院，尽管我对新学院的前景一样悲观，我还是委婉地表示，我是张永和第一个调入北大的教师，也希望能最后一个离开中心。

从 2000 年 5 月北大建筑学研究中心成立，到 2010 年 5 月北大建筑与景观设计学院成立，我经历了张永和执掌五年的黄金时代，也经历了方拥接班五年的白银时光，按东南大学葛明的讲法，中心成立的头十年，毕业生的成材率之高，极为罕见，而与景观专业合并的短短两年，无论从哪方面看，都是我生活中的锈铁时期。我那时从家里搬出，住到禄岛阴冷的办公室里，过着近乎自闭的生活，我与最好的朋友葛明，有阵子都断了来往，只维持着与王明贤的微弱联系。那段时间，我既乖戾，又易怒，咳嗽了一个冬天，渐渐齿松发白，我强忍不适地参加与景观方面的各种交涉，难得开怀的一次，是在研究生院议定新学院名称。对景观方面拟定的景观与建筑设计学院之名，一位主管学科的儒雅学者，沉吟良久，扭头向王昀确认建筑学是否一级学科，然后向满屋学者认真提问，说是将二级学科的景观专业，冠名在一级学科建筑学的前头，会不会让人觉得像是把袜子穿在鞋外头？

在满堂开怀的大笑声中，新学院得以建筑与景观设计学院之名成立。

新学院的新院长，其一切行事风格，都像是张永和的反面。当年大家都在城环学院时，我曾听过一位教师帮这位教授述职，PPT 上每个项目的讲解，都会蹦出哈佛设计在某处的字样，让我如芒在身，我以为，这位代讲者得多么虚弱，才会如此需要这根哈佛拐棍。等这位领导亲自来中心游说合并之事，每次听他发誓新学院要做些与众不同的事情时，我总会想起张永和坚持研究基本问题的态度，我曾将这种对比强烈的反感，写入《败壁与废墟》的开头部分。我在新学院只参加过两次研究生复试，都由一位景观教师代为主持，都说是领导有要事出差。一次中途到露台抽烟时，我远远见到那位本该在外的领导，从他自己的公司出来打电话，我只能扭头掐烟，视而不见。

就在我即将认命之际，峰回路转。

王昀有次向新院长提及人才引入的旧事，按当初校领导的建议，中心那两位已通过政审的教师，等新学院成立可优先办理入校手续。当时各方都确认了此事，这一次，新院长却支支吾吾，说是这两位教师水准不够，他准备引入一位更优秀的景观人才。我当时已想侧身离开，王昀的修养，还在含笑地问这位人才如何个优秀法。或许是意识到中心通过政审的人才也有留学的背景，这位领导对他想引入人才，嗫嚅了几句，忽然蹦出这是一位真正的美国人，我当时虽忍住了粗口，但后来在一次讲座里，还是没忍住讥讽过此事，以为我这种土硕士当年能进北大，才是张永和的真正魄力。

有次学院教师聚餐，张小莉老师重提两位教师引进之事，大概是理屈词穷，这位领导竟拍案而起，怒斥张小莉对院长的不敬。我冷眼旁观，从这些年的蛛丝马迹里，我隐约了解到中心这几位老师的家世，除我出身寒外，即便是在张小莉家里，院长大概也只算末流小吏，从没在中心领教过官威的张小莉，大概也动了真怒，眼见事不可控，王昀渐渐敛起一贯的笑意，连方海都收住了玩世不恭的话语，我们三人一起起身，合力劝出张小莉老师，我们在路上就达成一致，无论遭遇什么代价，我们都要从这个学院撤出。

12 体系与瓦砾

以新学院让人煎熬的这两年为界，我们从新学院撤回至今的这十年，怎么看，都像是对头十年的倒叙。北大建筑学研究中心头十年一点一点建立起的架构，被后十年一点一点地拆散回收。

方拥去了考古文博院，计划引进的两位新教师，彻底失去机会。撤回的中心，失去了自主招生的权力，王昀与北大深圳研究生院商议，谈妥暂时从那边招生。紧接着，又被告知取消了建筑学的招生方向，杜波整理过那几年招生与学科的混乱情形，学科方向的摇摆不定，招生质量的每况愈下，让我们决定回到城环学院，作为城环学院的普通教员。2016 年，我们才恢复从本部招生，却被学院告知，学校取消了中心。最近两年，我们终于失去独立命题的机会，学院虽宽容地允许我招收保送研究生，但在学院招生简章里，并无建筑或园林的方向，我也懒于到外校招揽人才，就想着不如与即将退休的王昀一样，等这两届在读研究生毕业后，就不再招收新生。

去年暑假，我们从桃源般的镜春园搬出（图 2），搬到北大南门外的资源东楼。因为面积置换的缘由，我分到一间从未享受过的大办公室，中间摆着陆翔制作的那个大玻璃条案，东北角门边抬高两步的台上，我自己的办公桌把着一根柱子，因为疫情管理，毕业生都进不来，每周四的组课，就只剩我和两个研究生在冷清中闭门讨论。今年暑假前，最后一次组课结束，我懒得回家，午睡起来，坐在被我抬高三步的小龛内，我恍惚想起，王昀下个学期就该退休了；我恍然明白，终于只剩我自己了；我恍如惊觉，中心，早已烟消云散了。

在我脚边台上，是一些摆放得整整齐齐的小物件，有砖雕也有瓦当，还有几块我从未见过的木制雕版，是张小莉这一年来从镜春园陆续捡回。听张小莉说，镜春园新的单位，已将小院圈围起来，准备重新装修，以后连她也进不去了。我心里惦记着中心那些硕大的汉白玉构件，是张永和离开中心之前，趁北大东门拆迁民居时，让中心的张师傅一车车拉回，大概是圆明园散落民间

图 2 镜春园禄岛小院，自摄

图 3 镜春园前院旧物，王惠摄

的旧物，只有几个小巧的汉白玉构件，被用来搭起镜春园藤架下的茶案，剩下十余块皇家规格的抱鼓石以及柱头（图 3），都整齐地码放在后院台地间。一座最精美的骑鱼童子石雕，失去了头颅，十几年来，一直把守在前院的阶角，阶条石上，整整齐齐地摆放

着七八只脊兽，十来片瓦当，还有一些磨盘石臼之类的老物件。在我对园林开始有了兴趣的那些年，时常想着如果这些物件交给我会用在何处，但也没想过要真正挪用它们。

就在王昀接手中心不久，他被匿名举报的罪名之一，说是他倒卖中心的这些文物。学校派人来审计的结果，按张小莉的转述，得出了饱含同情的结论。审计方说是从来没见过如此赤贫的单位，也从未见过像王昀这么乐观的领导。很快，我也被匿名举报，说是我带着学生挣大钱。王昀那次以副院长的身份，将这次举报挡在学院，他以为，要是连董老师都被举报挣钱，恐怕许多教师就都该被惩处。与张永和当年被举报时人人自危不同，这一次对我的举报，几乎没影响到我的情绪。但我还是难免反思，或许是在清水会馆工地上那次带学生的义务设计，声势过于浩大，等我后来到红砖美术馆进行改造时，重新回到早年我独守工地的状态。几年之后，大概是觉得美术馆后山夹缝的矩钢水口，过于简陋，我从镜春园石阶上曾拿走过一个脊兽，不无忐忑地安置在水口上（图4）。等到镜春园腾退之前，王昀指着前院后院的那些石雕构件，调侃着让我们师生自取瓜分。我当时还真就挑了一个脊兽，安置在溪山庭屋脊景框前方（图5），让它侧眺一旁待建的沁泌庭。

陈飞对溪山庭未来扩建的愿景，颇为乐观，也乐于招待南来北往的设计师。他一再邀请我将中心的论坛，挪到溪山庭重新开设，以传播中国现代造园的新体系。我对交流造园心得，颇有兴趣，但对建立体系，向来索然。我在清华读的第一本书，就是尼采的残篇《希腊悲剧时代的哲学》。尼采以为，人类历史上建立过的所有体系，都会被后世所驳倒坍塌，在废墟间熠熠生光的，不是那些体系的残垣断壁，而是架构体系之人的个性光芒，正是那些不可驳倒的鲜明个性，才使我们有兴趣回顾或构想那些业已坍塌的体系。

图4 红砖美术馆脊兽水口，自摄

图5 溪山庭景框内脊兽，王垚摄

从砖头到石头

1 浇筑与砌筑

从 2000 年到 2005 年，是张永和执掌中心的五年，在那段黄金般的短促时光，我受张永和对建造热情的熏陶，终止了家具建筑系列的纸上设计，准备投身建造实践。

2002 年，我建成了第一件作品水边宅，考上了中国美术学院的博士；随后一年，我出版了第一本专著《极少主义》，也接手了清水会馆的设计委托。正当其时，我受刘东对"五四运动"文化反思的影响，决定中断对西方现代艺术的研究，转向中国山水方向。我将博士论文的开题，从《极少主义》沿伸出来的《大地艺术》，修改成题意极深的《动境·意境·化境》，还有一个跨度极广的附标题——山水（诗）·水墨（画）·山林（园）。

与论文写作同步展开的清水会馆设计与建造，既有我从《极少主义》里获得的抑制表现性经验，也有我从山水研究中汲取的表意性勇气，并修正了我在水边宅建造中才获得的赋形经验。

在水边宅的实践中，我连康对砖想成为什么的建造问题，都无暇关心，更无相关材料与结构的建造思考，我当时全部的愿望，只是想看看我那些纸上设计实际建成的效果。水边宅的红砖材料，只是经济性选择，为劝说甲方将一幢白色别墅拆除，我承诺以最低造价重建，当地农民以红砖砌筑的房子，是我所知最便宜的方法，用清水砖墙的砌法，还能省去农民常用抹灰或瓷砖饰面的费用。一旦涉及材料的赋形建造，我觉得，我那几件家具建筑的纸上设计，无论是家具墙（图 1），还是家具院落，墙上凹入或凸出的家具洞口，最合适的塑形材料，是混凝土，最理想的结构，是剪力墙。但它们过于昂贵，在水边宅以砖混与框架二分的结构间，我以为，只有必要的混凝土梁板结构，才有塑形家具的机会。

我至今还在庆幸，我本科考试的多门挂科，让我对建筑学科的专业常识，至今都还有新奇感。我不记得是在张永和的工地上，还是在北大建筑的论坛上，当我第一次听说梁不一定非要在板下，它既可在梁间，还可翻到板上，那种闻所未闻的无知狂喜，让我

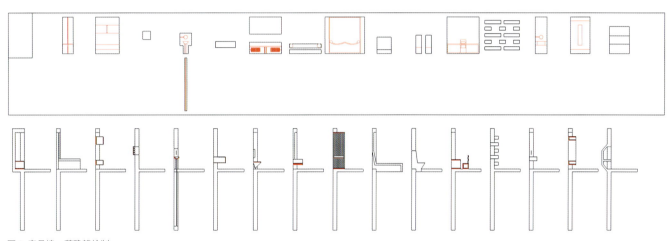

图 1 家具墙，董豫赣绘制

决定将水边宅的混凝土圈梁，尽可能翻上屋面，并将梁高当成家具建筑的赋形基础。我不但利用砖混与框架结构二分的结构缝隙，以翻梁塑造出我最得意的那条天窗长案，我还在室内庭院上方，以上翻的圈梁，在庭顶出挑了一件对坐家具。为解决客厅通风问题，我在客厅地面出挑的圈梁间，嵌入几件既可开启通风，还可兼当卧榻的地坑家具（图 2）。

客厅当中，南北向的两根结构梁，在屋顶上，我找不到它们家具成形的合理性，我既不想将梁翻上屋面，也不想悬置在天花板上，折衷的结果却是，它们既凸出于屋面上，也悬垂在天花板下。我觉得它们过于碍眼，发表这件作品时，我有意无意地回避能看见这两根梁的角度。去年翻看水边宅的照片时，钱亮发现一张他很喜欢的客厅场景（图 3），却从未见诸于我的文章或书籍，大概就因它暴露了那两根毫无意图的结构梁线。

我对钢筋混凝土结构，并无表现其结构自身的意图，我那时只想将纸上设计的家具建筑，以水边宅的混凝土浇筑成形，即便从结构选型的空间意象而言，我选择以框架与砖混二分的结构，虽有对应客厅与卧室的大小、开阖的空间意图，但我真正想要的空间表现，是两者之间架起的那条天窗条案（图 4）。

我那时的建筑实践，与北大学生自己盖房子的建造活动，并不相通，我并不参与具体的建造活动。我那时驻扎工地，似乎只为督造工人按图施工，唯恐图纸在施工中走样。我那时在工地上

图 2 水边宅模型，牛艳芳 + 邢迪制作

图 5 水边宅被刷白的砖墙，靳冲摄

图 3 水边宅客厅，靳冲摄

图 4 水边宅屋顶家具，靳冲摄

图 6 水边宅盥洗台照壁，自摄

的亢奋，连我自己都觉莫名，眼见纸上的抽象平面，在工人一丁一顺的砌筑间，逐层抬升。我每天在不断升高的 24 砖墙上，一刻不闲地四下游走，俯瞰工人忙碌的砌筑砖活，也见到工人将砖砍成七分头，仔细收齐错缝的墙头。我记得张永和提及密斯的格言——建筑始于两块砖的仔细摆放，但我并没觉得工人砌筑仔细的砖活，与我的设计有任何关系，那种巡视工地的快乐，似乎只为等待砌筑结束，而家具浇筑成形的结果。

正是将工地之事，视为监督图纸是否走样的单一目标，我才会将甲方砸去两处混凝土家具——院落顶部的对坐家具以及客厅出挑的梁坑家具——视为整幢建筑意象坍塌的重大事件。我对甲方将室内红砖墙面，刷成白色（图 5），也并不满意，但还可接受。这两种不同态度，说明在水边宅的实践时，我关注混凝土浇筑成形之事，远胜于清水砖墙的砌筑之事。

直到砖墙砌筑完成，屋顶模板支起，在模板与砖墙笼罩的阴影里，我才偶然发现了砖材料的表现性：几根脚手架的钢管，紧靠清水砖墙的边缘，阳光从砖墙灰缝间滑过，均匀地投射到钢管阴影背后，滑向幽暗的空间深处，让我记忆深刻。另一次，是在混凝土屋顶拆模之后，工人准备补砌天井内最后一堵 U 形照壁。因为有了一些对砌筑砖墙的工艺观察，我既不想按设计中的 U 形墙包裹洗手盆，又担心一堵照壁孤墙，会结构失稳，我与工头商量，能否放弃两侧用以拉结的薄墙，而将一砖厚的 24 照壁，放宽成 37 墙。我让工人先以 12 砖墙绕砌一圈，再在中间围成的 12 空腔内，植好钢筋，一边浇筑混凝土，一边砌筑外部砖墙。或许是振捣混凝土的向外挤压，这堵照壁，不像别的砖墙表面齐整，在夕阳西照间，其凹凸不同的表面形象（图 6），像是阿尔托故意砌筑出的凹凸肌理。

2 砖头与意图

被水边宅吸引而来的清水会馆甲方，对我在水边宅投射的家具建筑意图，并无兴趣，却相中了水边宅红砖材料油画般的色泽。无论是我对红砖材料的经济性考量，还是甲方对红砖材料的受光性旨趣，与我那时折向中国园林的兴趣，并不重叠。明知我那时

正准备撰写山水意境的博士论文，还不能滋养我的设计，但我还是从论文才开始写作的两节标题——聚精会神与断章取谊——里，获得园林能集萃繁复意象的片段信息里，就冒险先行设计出繁多式样的建筑单体，然后将它们组合成庭院建筑。

相比于水边宅的集中式平面，清水会馆的平面，表现出要将房间拆分为单体建筑的强烈倾向，我既想表现单体建筑的多样性，也想拉开建筑的距离（图 7），以形成多样性院落；相比于水边宅的空间简单，清水会馆空间繁复的印象，并非源于红砖细部，而是建筑单体与庭院空间的各不相同（图 8）；相比于水边宅红砖与混凝土的截然二分，清水会馆以全砖覆面的梁板，并非出自节点的细部考虑，而是想简化节点的结果，我原本用以抑制表现性的全砖覆面，却意外地为清水会馆造成细部华丽的印象；相比于水边宅用以填充的红砖材料，清水会馆建筑部分的红砖，也少有表现砌筑的细部，除餐厅砌筑了砖格子，表达出想要遮挡西晒的意图。我第一次发现砖块砌筑的潜力，出自甲方的临时起念。就在工人准备次日砌筑书房的墙壁时，甲方忽然想在书房增加一个佛龛，我记起水边宅为浇筑混凝土砌筑的空腔，就连夜绘制出变更图纸。我利用砖块叠涩的简单砌法，在墙壁上下，分别叠出一个带有顶光的佛龛，以及一个带有托座的香炉台，并在墙间砌筑了一个贯通香台与佛龛的空腔（图 9、图 10），以将底部烟火拔到上部佛龛缭绕。

被这次临时变更所刺激，我尝试着修改圆形餐厅的细部。我将原本包裹六根框架柱的砖垛，放宽为两边皆不砍砖的马牙槎，而中段填充的 36 墙，则以 48 垛在两侧各出挑 6 厘米。隔层错开出挑的凸砖矩阵，既暗示了它们与砖垛一样的厚度，也想表现砖块受光的颗粒感（图 11、图 12）。为了维持天光下泄的垂直表现性，我将底部一圈环窗，缩成仅供通风的洞口——这一我当时最喜爱的光空间。等到庭院施工的中段，我就已隐隐不安，以为它失去了餐厅向庭的开敞面向。后来甲方果然也没将它用成餐厅，而改成颇合其肃穆氛围的佛堂。等我来年重访，庭院树木初成时，我当时很有些想将其底部砖墙重新砸空的念想。

清水会馆施工到庭院部分时，我已完成了博士论文答辩，或是已无理论与实践两面分神的压力，或是博士论文涉及山水表意的话题，释放了被我克制的材料表现性，在砌筑大量并无隔离内外需求的院墙时，我才逐渐意识到，砖墙砌筑间的空腔构造，才真正具备表现设计意图的潜力。

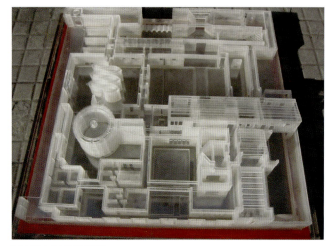

图 7 清水会馆早期模型

图 8 清水会馆主体建筑施工过程，自摄

图 9 清水会馆佛龛砌筑，自摄　　　　　图 10 清水会馆佛龛完成，万露摄

清水会馆用地西侧，比邻邻家苗圃，最初我想保留透景的铁艺，等到院墙开始施工前，甲方忽然想要一堵隔绝视线的围墙，它既长且直，若无扶壁的墙垛，就有坍塌之虞。我那时喜爱面状体量而痛恨线性轮廓，几近偏执，我既不喜欢水边宅那两根无法隐藏的反梁，也恶其余胥地厌恶围墙常见的凸出墙垛。我在清水会馆主体建筑里，曾将楼板交叠地翻到梁上与梁下，并以相邻楼板面状的凹凸来消解水边宅不曾消除的梁线（图 13）。我想将这种方法如法炮制在这堵围墙上，按柯布西耶所讲游戏即规则的规训，我规定自己只能使用常规围墙的用砖量，24 砖厚的常规围墙，每隔 3 米左右，要么在围墙两侧各出 12 垛，或单边凸出 24 垛。墙厚与墙垛，常规都有 48 厚，我将 48 砖垛，均匀砌筑在 48 厚的基础上，利用相邻墙面厚薄的凹凸交替（图 14），隐藏了线性砖垛。其中一半的 48 厚墙，实际由两堵薄墙围合空腔所致，我在凸墙表面，按不砍砖的方式，留有一条蜈蚣形缝隙，既能表现墙内的空腔存在（图 15），也能嵌入照亮车道的灯具。

这堵围墙的砌筑实验，表现了两种设计意图：空腔藏灯的功能意图，不砍砖的经济性意图。

图 11 清水会馆圆厅砌筑过程，自摄

图 12 清水会馆圆厅完成，黄居正摄

图 13 清水会馆天花板凹凸相间，万露摄

图 14 清水会馆西墙砌筑，自摄　　图 15 清水会馆西墙完成，丁斌摄

前者至少要 36 厚墙，才能保留最小的 12 空腔；而砌筑 12 厚的薄墙，最能表现不砍砖的基本构造。基于砌筑错缝的坚固性常规，不砍砖的错缝结果，将在两端错出马牙槎的齿形造型；若是两端收齐，在中间，则会空出蜈蚣形的锯齿缝；若在两墙斜交的阴阳角处（图 16），还可呈现出三种凹凸不一的拉链造型。

不砍砖的潜力，还体现在砖过梁的砌筑过程中。一丁一顺的过梁砌筑，在垂直方向呈现出钢琴键的凹凸节奏，就有在灰缝间布筋的机会（图 17）；然后在凹缝间压上顺砖，收平的砖过梁（图 18），几乎看不出布筋的构造痕迹。王宝珍在我的砌体课件里，见过我工地上过梁布筋的过程照片，他后来建议我，将其用在青桐院树池间的铺地上，既能过渡铺地与种植土的交接（图 19），又能限制人的行走范围。

这条临时设计的围墙，其空腔藏灯的功能，兴起我想将原本以墙洞藏灯的统一做法，全部变更为各种藏灯的花格，在玄关圆洞正对的墙灯，藏在由十字洞口拼成的菱形花格中（图 20）；在仪式性的梧桐大院东墙，我希望它们以方形矩阵花格透光（图 21），这堵墙，因为两侧都属自家院落，我希望墙缝内的灯光，既能照弘敞的梧桐大院，也能照亮幽静的银杏窄院，却不希望方形空腔的空透，破坏银杏院的隐秘性，就在矩阵花格空腔的另

一面，叠加了一组菱形花格（图 22）；为彰显书房特殊的氛围，我设计了最满意的照壁花格（图 23）；东侧围墙，比邻运河无际的青青草木，我以最大最透的花格，尽量向风景开敞。随着我在这些空腔里注入越来越复杂的意图，我终于记起水边宅的家具建筑主题。为将朝东的开敞性，限定在东院，我在比邻东院的走廊两侧墙上，掏出两组可坐的墙间家具（图 24）。合欢院那堵墙上走人的 600 厚墙，我本想实验将两侧花格相互错开的砌筑，实际的对位效果，我并不满意，我后来觉得，不如砌成厚墙掏洞的效果，要么如青桐院南墙洞口那样，表现其深度（图 25），要么如银杏院东墙那样，还可掏出几件可以宽坐的家具。

在不知不觉中，我已拓展了我在水边宅对材料塑形潜力的认识，我那时将混凝土视为家具建筑塑形的理想材料。大概是翻转卡纸板模型制作的工艺教条，完全没想过红砖砌筑的塑形工艺，才真正简单。从工艺而言，它并不比砌筑门窗洞口复杂，至少没有浇筑混凝土的复杂工艺，只是被各种习惯所石化的材料认识，若无强烈的意图注入，就无法撼动那些顽固的先入之见。

这些在庭院施工时才兴起的砌筑意图，使我在清水会馆庭院工地的工作，与水边宅或清水会馆主体建筑的督造，大相径庭。

图 16 工地上转角不砍砖实验，自摄

图 17 祝宅砖过梁砌筑，自摄

图 18 清水会馆砖过梁砌筑完成，自摄

图 19 清水会馆丁砖过渡植物池，苏立恒摄

图 20 清水会馆玄关菱形灯格，自摄

图 21 清水会馆青桐大院落矩阵灯格，方海军摄

图 22 清水会馆银杏窄院叠加在矩阵灯格上的菱形灯格，苏立恒摄

图 23 清水会馆书房照壁，万露摄

图 24 清水会馆银杏院东墙上家具，万露摄

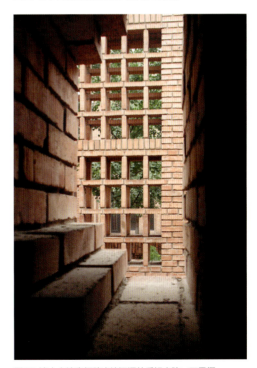

图 25 清水会馆青桐院南墙深洞外看银杏院，万露摄

我不再将工地视为监督图纸实现之地，而当成即兴修改的现场，我通常在头天收工时，就问工头明天将会砌哪几堵围墙，晚上夜深人静之时，我抖擞精神修改图纸，并赶在工人凌晨开工前，打印出来交给工头。那种昼夜兴奋的现场修改，让我觉得这种督造工地，才有了些实验意味，我不是在动手砌筑中，把握了材料的特性，而是为表达外在于材料的多种意图中，利用或激发了砖材料的砌筑特性。

3 毛石与峭壁

清水会馆发表后不久，清华的一位教授，在我的一次讲座前，托主持人代问我一个问题，在计算机辅助下的涌现设计，已能设计出无限可能性的砖活，问我将来还能干点什么？我回答说，若无准确的意图作判断，即便将计算机计算的无穷可能性都建造出来，大概也不算是计算机辅助的设计，只算是由人辅助计算机的建造劳动。

可能性，一度成为北大建筑学研究中心的口头禅，我那时也不例外。我早年在北工大带"魔方住宅"时，曾要求学生对某一问题，提供两种以上的可能性题解，才可得到比较级的初级判断，只有三个以上的可能选项，才可得出最高级的判断。若无明确的设计问题对可能性进行甄别，无穷的可能性，非但不能带来思维的开放性，常常只能加剧思维的混沌性，那些能从无穷多的可能性中，瞬间把握住唯一确定性的人，才是真正的天才。我显然不在此类，我那时才遭遇到两种可能性的折磨，既有论文章节如何排序的艰难，也有山水意象如何把握的茫然。

清水会馆的设计方法，与我写作博士论文《动境·意境·化境》的方式，极为相似。为钩沉出更多相关历史的话题，我先找到十七个相关成语，以构成三章论文的十七节标题。我先将每个成语与论文相关的内容写成草稿，然后再在章节排序间，依据上下文对它们进行修正与调节，论文让人绝望的排序与修订，就此开始。论文将成之际，总有几个标题间的衔接，游移不定，每当我想为

论文确定一种完稿的章节顺序时，每个章节间都会涌现出三种以上的可能性结构，单从山水"相反相成"的生成意象来看，它可连接涵盖了生、动意象的"气韵生动"这一节；如果以"相反相成"的反成机制考察，它也可连接兼具捕、捉动作的"捕风捉影"这一节；一旦着眼于"相反相成"里的阴阳两相，它就应连接兼具阴阳两可的"模棱两可"这一节……

可论文的十七个标题，牵一发而动全身，即便我只为"相反相成"微调一个连接的标题，这个标题的移动，又会带来周边标题近乎坍塌的松动，我那时对老子所讲的三生万物，才有近乎痛彻的理解。而我对汉字的常有的放肆之意，则早有警惕。在清华读书时，我对一位教授将朗香教堂当成柯布西耶酒后肆意的即兴，极为不满，等我自己撰写论文时，自然也不愿留下肆意的可能性线索。我对当时草草截稿的博士论文，从未满意过，十几年来，每当我想重新整理那篇论文时，每次都被论文题目间无穷可能性的组合，折磨成无穷无尽的绝望，我实在难以想象，竟会有人将可能性本身视为价值。

我遭遇清水会馆庭园设计的折磨，与我论文写作的情形，不尽相同。论文每个章节的内容我都比较确定，每种章节间的连接顺序，我也都有确切的依据，只是困扰于每个标题都同时包含三个以上的连接可能，而我对已建成的庭院以及待建的庭园意象，则处于全无头绪的茫然状态。那篇以山水意境为核心的论文写作，没能帮我建造的庭院注入确切的自然意象，我只能以不同庭院的不同植物命名它们，即便是在博士论文完成后建造的北部庭园里，我也未如愿找到设计庭园的起兴线索。

在那之前，王明贤才带我设计过沱牌酒厂的改造方案，它以大地艺术的几何水景所呈现。我将整个厂区的建筑，都覆盖在由屋顶构造的浅池下，仅以地坑式的庭院，采光通风，另外，我在池面间设计了几件浮岛般的家具，它们既简单，也壮观。我为清水会馆北部庭园做的最初设计，就以这种大地景观的方式所呈现。在六十米见方的场地间，我在三分之一处，以一条笔直的深壕分界，壕沟北坡至用地边界时，止于一条高约三米的挡土墙，人的主要

活动，都集中在中部深壕上下，以及北部挡土墙附近。甲方觉得，这一几何景观与他想要的园林意象，颇为暌违，他含蓄地让我慎重考虑。

我后来以八音涧为摹本，重新绘制了被几何砖墙包裹的毛石山池（图26），并计划在实际建造时，在毛石墙上嵌入一些巨石，以塑造出峭壁山的意象。峭壁山兼具墙壁与峭壁这两种属性，让

我觉得有多重心安，我发表的第一篇文章，就是以墙为主题。而在水边宅建造之前，我正迷恋在家具建筑系列中设计各种镶嵌家具的家具墙，而我才在清水会馆积累的砌墙经验，或许也有助于毛石峭壁山的堆叠。

即便如此，我还是以一圈几何砖墙将毛石峭壁包裹其间，以藏拙我并无砌筑峭壁山的经验。我在山南水北之间横亘的一堵斜

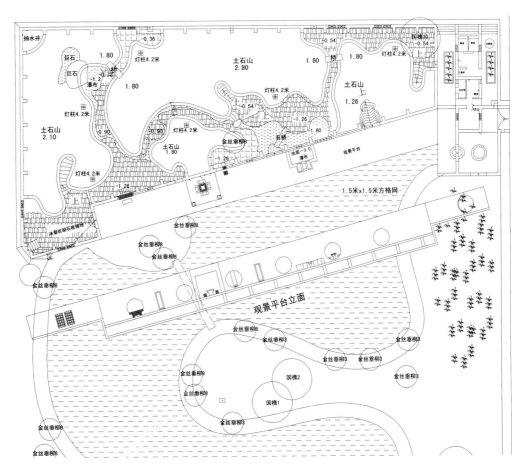

图26 清水会馆池山设计，自绘

墙上，开设了九个形状不一的窥山洞口，其中几个用以当成攀山、入谷、跨溪的入口，另几个洞口之间，分别镶嵌有逼山、窥谷、临涧的几组家具，以图解我对山水行望居游的最初构想。

这个一度有这三石庭庭名的名称，源于我与甲方在石场相中的三块巨石。它们一黑、一白、一卧，白石腰有沟壑，被我一早就用在九孔桥对面，用以嵌藤照壁；黑石胸有凹凸竖棱，被我竖在北部山间，用以挂瀑流水；而我最喜爱的那块平阔卧石，它自带曲水沟壑，本想置于池中岛头，引水穿岛，却因价格昂贵，被甲方放弃。连同那个被毛石包裹的曲折山涧，也都没有实施，仅以挖掘机快速掘出一个土池土岛（图27），并以掘池之土，在池北堆了座潦草土山。为避免池壁坍塌，才在池北以毛石驳了一截池岸，岸上修建了一座石棉瓦顶的空亭，聊表其池庭可居的意象。后来，我将这个被放弃的池山方案，用在了红砖美术馆，无论是池中那块岛石，还是十七孔桥北那堵大墙上方圆相间的洞口（图28），都源于对清水会馆庭园那次设计的简化。

4 砌块与景框

最近，我在一堆硬盘里，找到一份"砌体"教案，上面写有"2005年秋季论坛"的字样。这一年，张永和离开了中心，镜春园最具活力的建造课，已名存实亡，而研究生进校就分配导师，使得我接手的公共论坛课，也名不副实。时值清水会馆庭院建造之际，我所列出的这份砌体教案，其中涉及的材料，既有砖块，也有毛石，既有赖特风格精美的预制块，也有当代用于填充材料的空心砌块。我那时并无带学生参与设计的习惯，中途虽带学生参观过清水会馆的建筑工地，学期结束时，学生们对这份砌体议题，多半也仅以图纸或照片解答。

随着清水会馆北部庭园工作草草结束，我前往南宁筹划明秀园的改造。我与甲方许兵商议，能否将这次改造，当成我带学生建造课的暑期课题。我带着几位才分配给我的在读学生，以及还

图27 清水会馆一期池庭，丁斌摄

没入校的张翼，前往明秀园现场，挑选不同景点展开设计。我安排张翼帮我绘制七镜轩的图纸，又让唐勇帮我深化谈笑间的设计，我指导苏立恒设计啜叹阁，同时与覃池泉一起推敲一卷山房，王宝珍则自行设计了一座竹材料的井干式水榭。

我以为，从水边宅基于造价所选择的红砖，到清水会馆已实验完毕，明秀园这些设计，开始研究建筑与自然风景的即景关系。我在旧基础上新建的七镜轩与谈笑间，选择了白色涂料。或是受北大建筑论坛对白色的抽象性讨论影响，我觉得以白色隐匿材料的具体属性，或许有助于凸显自然的主题，但也不确定这是否是江南园林白墙的固化思维。而在位于山间增建的啜叹阁，我在毛石与白墙间犹豫（图29、图30），我既想用白色衬托山石的自然意象，也想以自然毛石消解建筑与自然间的形态差异。这些建筑，无一例外都聚焦于对风景的即景反应，七镜轩的名称，就暗示了其将七个洞口当成景框的题意，而啜叹阁以结构外置的方式，实现了内部一圈完全没被结构打断的连续景框（图31）。或许是我曾将《园冶》里的装折之事交给学生们研究，无论是宝珍自行设计的竹轩，还是啜叹阁与一卷山房，学生们都在尝试着以竹木材料装裱窗框，以调试对景的景框。

这几个设计，连同我之前为许兵筹划的八大处，都没实现。作为对设计未果的补偿，许兵邀请我为他设计并建造了60平方米的膝语庭。在清水会馆潦草的庭园建造中，我意识到我最欠缺的并非建造经验，而是造景能力。在景物天成的明秀园内展开的设计，我只需思考建筑与景物的即景关系，而在十七层楼顶平台上建造膝语庭，如何造景则是首要之事。我将主要精力，都投射到膝语庭那个一比一放样过的石池（图32），以及书房向景的一个景框上。大概是觉得学生们推敲的那些竹木装折，有与传统木构建筑的粘连，我选择当代常用作填充的空心砌块，砌筑了一个十字形框景的洞口，并以一圈并不对称的砌块花格，调试窗洞对景池庭的即景关系（图33、图34），它与一旁张翼设计的细木分隔的门扇，并行不悖。

这些相关材料思考的转向，使得红砖美术馆甲方想请我设计一座红砖建筑时，我当时并不情愿。而就在红砖美术馆建筑草成

图28 红砖美术馆池岛与墙山，自摄

而庭园开挖之际，甲方忽然消失了两年。在那段并无设计任务的空白期，清水会馆的甲方，忽然又找到我，说是北部草成的土池土岸，这几年坍塌不少，他最近又筹集到少量资金，问我愿不愿进一步完善北部庭园，我自然欣然接受。

在这次边设计边施工的工地上，聚集了一批来自不同学校的毕业生，其繁忙的景象，既像是北大早已中断的建造研究课的传承，

图 29 明秀园之白色啜叹阁，董豫赣 + 苏立恒

图 30 明秀园之毛石啜叹阁，董豫赣 + 苏立恒

图 31 明秀园之谈笑间，董豫赣 + 唐勇

也像是我在明秀园带学生设计的延续。实验的材料，也比明秀园多样，既有以空心砌块砌筑的屏风骨架，也有以红色多孔砖填充的屏风与板桥（图 35），既有毛石材料的驳岸与石墙，也有钢筋焊接的栈道与藤架，在一期庭园仅在空亭上覆盖的石棉瓦，这次则铺设在更大范围的折廊之顶（图 36）。

工地竣工时，与甲方同名的学生王磊，质疑我庭园内各种建造实验，只剩便宜这条准则。我自然可以找到借口，相比于清水会馆菲薄的设计费，以及让周榕惊讶的低造价，占地十余亩的池庭改造，不但是义务设计，甲方所给的 30 万总预算，连为绵长的土池驳条像样的石岸都很勉强。我放弃了收拾庭景的昂贵念头，只想利用这些造价，尽可能多地实验以当代材料框景与造景的潜力。

但我并不认为我的设计意图只是便宜，尽量利用标准构件来构造可行的形式，甚至是现代主义最重要的形式法则之一。190×190 的单孔砌块，在空腔中植筋灌混凝土，构成构筑物的结构框架（图 37），190×390 的双孔空心砌块，加上 1 厘米的灰缝叠加的 200×400 尺寸，决定了框架内几种洞口的砌筑形式。

以洞口两侧 40 厘米砌块各出挑一半，可以得到 40 厘米的方形洞口，或 40 厘米宽的各种高宽比的立幅洞口（图 38），单以砌筑方式，几乎不可能砌筑出横幅洞口；若想构造出宽可过人的门洞，则需要在洞口上方两侧增加叠涩，若只叠涩一次，就能构造出宽达 80 厘米的门洞；如果上下对称叠涩，则可叠涩出类似十字的花窗窗洞，它们既构成了岛上那座可仰视柳冠的碧纱橱，也构成了池西几节转折生硬的花格长廊。即便是以砌块砌筑，未必不能砌成转折圆滑些的曲廊，但石棉瓦大块的面材尺寸，几乎难以覆盖曲屋顶，尤其是我坚持以单块石棉瓦 1.8 米的长度单坡铺设（图 39），加上两侧廊墙的 40 厘米厚度，几乎决定了 1.2 米的廊道净宽。我猜王磊批评其只剩便宜的标准，大概就有我对这些长廊制定的严苛规定。

在这次以空心砌块砌筑景框的实验过程中，我意识到，我对膝语庭那幅由空心砌块砌筑的窗景的喜爱，更多是源于我对膝语

图 32 膝语庭石池于明秀园放样，自摄

图 33 膝语庭书房花窗，万露摄

庭石池景物的满意。在清水会馆潦草的池景间，即便我能发明再多的景框，即便我可以利用空心砌块的扭转角度（图 40），调整其空腔对景的细微视角，若无值得如此转折对景的精致景物，无景可对的花窗，无论是立幅还是十字幅，甚至我在墙顶出挑裁剪天空的花格（图 41），就都只是一些天窗与花窗的花式。从清水会馆以后，我再也不将裁剪天空或表现光影这些建筑之事，与庭园造景的要事，混为一谈。

5 石头与意象

那块黑色巨石，在上一轮土山堆叠间，并未镶成毛石峭壁，而是埋在北部土堆中，在这次扩建时，我带着张翼，尝试着在这块挂瀑的黑石前，堆叠一条小小桌涧，以接水入池。在两条青砖镶边的矩形间，我让张翼挑选一些品相稍好的毛石，它们至少应有一边平直。我给出了一条叠石规则，让每块石头的直边，尽量靠齐两侧直边砖面，两侧石块向内的自然形，将夹成一条自然曲

图 34 膝语庭书房花窗对景，万露摄

图 35 清水会馆空心砌块结构填充红色多孔砖屏风，王磊摄

图 36 清水会馆折廊鸟瞰，自摄

图 37 清水会馆空心砌块花格窗，王磊摄

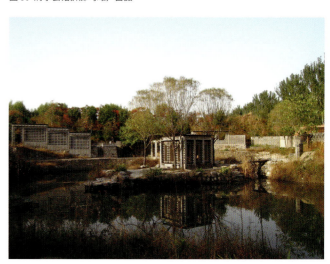

图 38 清水会馆空心砌块立幅洞口，万露摄

图 39 清水会馆空心砌块门廊，王磊摄

图 40 清水会馆扭转角度的空心砌块，自摄

图 41 清水会馆裁剪天空的花格，自摄

折的桌涧形象（图42）。以类似的法则，我后来还叠出了红砖美术馆槐谷庭中的一条曲涧（图43）。我对石匠老侯的要求，只增加了一条，在跨涧而过的地方，将两侧的涧石往中间出挑，以利跨越。

这种叠石方法，得自我在《极少主义》里提及过索尔·勒维特的墙画实验。他首先在墙上画满均匀的网格线条，然后邀请观众们用线条填充不同的网格，并给了一条观众自由的绘画的边界限定——每条线必须接触四方格的两条边。我当时以为，它既获得了作品的开放性，又得以被规则限定。

我对张翼督造的桌涧，以及老侯督造的庭涧，却总有意犹未尽的缺憾。它们虽有形象开放的自然形态，却无意象的确定性讨论。我和张翼曾复盘过他所督造的那条桌涧，我假设由我自行督造的情形，我可能调整几块石头的理由，既有对涧形宽窄变化的疏理，也有对相邻石块咬合关系的调整，既有对接水石应仰应俯的建议，也有对出水石或高或低的矫正，仅有十几块石头单层叠置的桌涧，就又会陷入近乎无限的调整可能。我觉得，这些相关池形狭阔的视觉讨论，未必不是意识石化的掇石教条。

在为红砖美术馆所写的《败壁与废墟》中，我曾比较过索尔·勒维特的墙画与郭熙影壁的区别。前者给出墙画规则——每位观众都可自行在墙上画线，但每条线必须与边框的两条边相接。它获得了作品的开放性，却缺少作品意象的确定性。而郭熙让泥工将泥投掷于壁，所造成凹凸不平的泥壁形象，等效于索尔·勒维特完成的墙画，但郭熙随后注入期间的意图，才是相关表意的关键——因其先在的凹凸之形，晕成胸中本有的峰峦林壑之象，以此获得意、象媾和的确切意象。我以为，我胸中并无确切的丘壑意象，我尚未找到评价石山的意象标准。

我习惯性地想从掇山的答案中反推出掇山的问题，我将计成在《园冶》里对掇山的两项要求——有真为假，作假成真，还原为两个问题：

1. 为何要造假山？
2. 要造什么样的假山？

图42 清水会馆桌涧，万露摄

在我的博士论文第一章第一节《高瞻远瞩》中，我将郭熙为山水制定的写意对象——可行、可望、可居、可游，转译为中国园林的功能性定义。郭熙以为，真山水既然少有供人居游的天然场景，画家就应挑选真山水间相关行望居游的精粹部分写生，而省去山水中大多冗余乏味的部分。这不但被日本造园古籍《作庭记》当成为何要作庭的理由，也可回答计成——有真山为何还要造假山的问题。 以行望居游这条写意线索，我开始聚焦于假山中常见的山台、山洞与山径这类意图明确的假山形态。但我很快就意识到，单以假山这些类功能性的意图来看，狮子林假山所提供的行望居游的密度，冠绝江南园林。沈复对狮子林的假山如堆煤渣的评价，却出自对计成"作假成真"的假山形态的判断。若将意象拆为意与象这两部分，那些有着确定形态的山台、山洞与山径，虽能满足人的居游之形，却尚未涉及"在天成象"之象的形态讨论。

一旦牵涉到纯粹形象的假山讨论，我忽然又陷入当年对建筑形态的怀疑状态。我以家具建筑来为建筑赋形的方法，在面对山水无关功能的意象确认时，已宣告失效。我在清水会馆对那两块黑白巨石最为确定的相石经验，无论是以白石腰间的空痕嵌藤，还是在黑石的皴纹间挂瀑，与我想在砖墙的空腔内藏灯的功能性意图，并无两样，甚至还更为简单。我只需按单一意图挑选形态合适的石头，并将它们各自就位即可。这种以选石代替置石的类建筑方法，完全无法触及仿写真山的形态讨论。

计成对假山虽提出了"作假成真"的明确要求，但成千上万座真山形态，我应选择对哪座真山进行拟象？

我在博士论文的"步换景移"一节，曾罗列过郭熙对山近看、远看、正看、侧看、春夏看、秋冬看的时空俱变的看法，也罗列出由此所见千百种真山意态的变化。可若无对步换景移之景有着确切的形态判断，单纯讨论因身体或时间变化所导致的对象变化，它们既可能发生在环秀山庄堪称伟大的大假山间，一样也可以发生在如堆煤渣的狮子林假山里。我原以为那些可行、可望、可居、可游的山水，已能自成景物，但狮子林的例子，证明了这一相关景物的假设，即便方向无误，但也并不完全。

图 43 红砖美术馆槐谷庭曲涧，自摄

6 意境与景象

为聚焦山水的意境话题，我将"意境"一词，置于我论文题目《动境·意境·化境》的中央，我对"意境"日渐虚化的使用现状，并不满意，我想找到一个能具体评判意境的词语。我选择金圣叹的"化境"一词，用以激活与意境讨论密切相关的意境融彻、心手两化、情景交融——这几个术语，我隐约觉得，"化境"之化，或许与融彻或交融有关，而"化境"之境，还可能与"情景"或"借景"之景相关。我不但将"化境"当成论文题目的压轴词，还将以"化境"一词为索引而确定的"出神入化"，作为整篇论文的最后一节。

我那时阅读的博尔赫斯那篇《小径分岔的花园》，对我理解"出神入化"，有着醍醐灌顶的意义，在这篇描写彭姓刺客暗杀汉学家的故事中，有段博尔赫斯对中国园林空间意象的猜测：

小径分岔的花园是一个庞大的谜语，或者是寓言故事，谜底是时间；这一隐秘的原因不允许手稿中出现时间这个词，自始至终删掉一个词，采用笨拙的隐喻、明显的迂回，也许是挑明谜底的最好办法。

这一将园林空间谜面视为表现时间谜底的天才般的构想，让我得以将宗教神学意象表达的永恒不变，与中国山水意境追求的深远不尽，分为相关空间的不变与深远，以及相关时间的永恒与不尽。两者皆属以空间表达时间的范畴，不同的是，中国山水的自然主题，既不属于西方现代文明所禁忌的神学或封建主题，也不属于当代景观将自然视为能源的技术主题。陶渊明在反驳慧远关于形神不灭的《神释》中，其中的两句——人为三才中，岂不以我故，其天地人三才，甚至没有海德格尔天地人神中的人神同形之神，而是纯粹以人在天地间的人文立场，而这首诗收尾的两句——纵浪大化中，不喜亦不惧，则表明了中国文化以化境化解死亡恐惧的方式，既有别于基督教以灵魂永恒化解恐惧的神学方式，也有别于沃林格要以抽象为无机结晶体的抽象艺术来化解生命恐惧的艺术方式。

或许是我那时短暂积累的中国山水知识，尚不及我建筑学的积蕴，我并未如愿找到能体现山水化境的确切意象，却意外发现了现代建筑缺乏诗意的缘由。在现代主义反神学的日常语境下，现代建筑，既不能回答建筑要表达什么的神学大问题，也不能回答当代建筑常见的——几何表现、材料表现、工艺表现、结构表现、空间表现——到底要表现什么的逻辑小问题。一旦假定它们都能表达自身的意义时，它们先是陷入自明性的神学深渊——自明性本是上帝无须证明的神性之一，随后又无可避免地陷入将自我呈现当成表现的技术性泥潭。

在《从家具建筑到半宅半园》附录的对谈中，我对砖石应表现砖石受压特征的技术决定论讲法，深表怀疑，以为它难以解释哥特教堂为何能将厚重的石头表现为天堂的轻盈意象。我以为，表现不仅应当指向自身之外，否则就只是毫无表现欲望的被动呈现，表现还应表达更高层级的欲望。我从康那句砖想成为砖拱的欲望中，发现材料有表现材料之上的结构欲望。石磊在对康的金贝尔美术馆的拱顶研究中，又发现其鸥翼结构想要表达结构之上的空间欲望。若按表现总要表现自身之外的逻辑，空间也应表现空间之外更高层级的某种意象，博尔赫斯在《永恒史》里，给出结论：

那只能是时间意象。

我以为，只有相关生命的时间，才能为空间注入诗意。

但我对建筑学以光线来表达空间的时间性，早已失去兴趣，在现代建筑失去以光线表达天堂永恒的神学语境后，光线既会在康那些堪称伟大的砖墙上计时移影，也会在各种丑陋的墙上浪费光阴。按柯布西耶的讲法，今日建筑，就只是场以光线表现形体的光影游戏。

当我在王籍那句"阳景逐回流"里读出"景"与"影"相通的含义时，它们附着在逝水波光里的时间意象，让我对中国常以风景、景物或景象来描述自然，才有了相关时间意象的一些理解。我对汉学家于连用"时象"一词来概括它们，觉得极为精当，但又觉得，既然景字已包含相关光影的时间意象，或许用景象这个复合词，才能区分以光线表达时间的建筑学时象。尽管，我从《园冶》

相关借景篇里，读出大量投射到四季景物间的自然景象，它们虽能证明借景之景，确有相关时间情景的意象，但这些如诗词般优美的景象，总像是计成在造好的园林中以赏析者身份见到的景象，我更希望能以造园者身份，把握住那些能确切表达出时间意象的山水景象。

我那时已能确信，一样的石头，既然能在宗教建筑中表现永恒不变的天堂恒境，就也能在中国园林中表现深远不尽的山水化境，我甚至假设过将路易·康对砖头的建筑学追问，改为对石头的造园式追问：

石头，你想成为什么？

我想成为山。

基于中国阴阳文化的生成机制，我还可以继续追问：

山，你想成为什么？

我想与水媾和为山水，或者，与林木媾和为山林。

但这些我后来才逐渐澄清的理论性思考，并不能反哺我在清水会馆的庭园实践。我对山水景象的具体理解，得益于中国美术学院一位学生的提问，当时，我正和几位同行在网师园的殿春簃小院闲聊，一位学生拉我们到外头，指着一座湖石堆叠成云朵般的石峰（图44），问其上大下小的造型缘由，并提及计成对掇峰明确要求过上大下小，当时大家的回答各有千秋，而我面红耳赤，我从没留意过《园冶》里的相关讨论。我那时在《园冶》里读到的都是诗歌般的文学意象，完全没找到可以展开造型讨论的具体问题。我紧紧抓住这条上大下小的造型线索，我一再重读《园冶》相关掇石的部分，我从石山占天不占地的省地功用，反推出上大下小的山台，有着相关密度造园的多种优势；我从身体行望居游的视角，发现上大下小的山（图45），有着悬崖如廊的身体感受；基于中国山水对深远不尽的景象追求，我还发现，上大下小的驳岸池石，不但可以营造藏水无尽的意象，还能表现池水蚀岸的时空诗意（图46），我第一次从叠石的具体造型中，找

图44 苏州网师园湖石掇峰，自摄

到时间如水蚀空的实际景象，一种可以与哥特大教堂相对应的诗意景象。

这些断断续续的思考，使我为红砖美术馆堆山驳岸时，尽管距离清水会馆庭园扩建仅仅过了一年，但我已从容许多。基于对叠石掇山的依旧畏惧，我将清水会馆移植而来的以毛石峭壁构

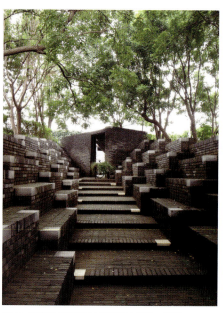

图 45 苏州环秀山庄假山上大下小之峰，自摄　　　　图 46 环秀山庄驳岸接水处凹槽，自摄　　　　图 47 红砖美术馆庭园上阔下狭之槐谷，自摄

造的曲折池山，简化为上大下小、上小下大这两种相反的几何形态，并建造出上大下小的槐谷（图47），以及上狭下阔的山涧时（图48），我忽然觉得，山水文献中常常出现的大小、狭阔、疏密这些看似陈词的术语，才是中国阴阳文化相关形态生成的直系后裔。相比于建筑学常以封闭—开敞、内向—外向描述空间形态的术语，这些既抽象又可感知的对仗术语，不仅在描述空间存在的状态，它们还能以相反相成的反成机制生成这些空间。直到那时，我才隐约有了些造园如作诗的通感愉悦。

等到石匠老侯来为山前早已掘好的土池驳岸时，我对他拉来的巨石而非毛石颇为意外。我对他以巨石垫底而以小石收顶的常规做法，表示理解，它既省工又坚固。等老侯叠完东北角一段池岸时，我才提出建议，我无意于向他讲解我想要藏水或表现水痕的景象性动机，只提及将巨石置于上层的多重好处，池石上大下

小的出挑姿态，既能扩大池石表面可待人的面积，也实际扩大了池面在石下凹进的面积。他当时将我视为同行，以为我能把叠石间的造型意图，表述得简单而清楚，并驳出了东南角我比较满意的池岸（图49）。直到那一刻，我才逐渐摆脱对堆叠石头的畏惧，我不但有了想要堆叠一座全石假山的冲动，我甚至以为，我或许逼近了中国山水的核心景象。

7 建造与诗意

最近，为整理清水会馆与北大建筑的关联线索，我翻出了张永和早年所写的《平常建筑》。时间久远的选择性记忆，让我忘记了张永和在《平常建筑》里，曾如此密集地谈论过诗意，我才会在新近出版的《庭园与地域》一书里，以为现当代建筑罕有讨

图 48 红砖美术馆庭园上狭下阔之曲涧，自摄　　　　图 49 红砖美术馆上小下大与上大下小两种驳岸意象，自摄

论诗意的话题。我误以为《平常建筑》一文，是以密斯的"建筑始于两块砖仔细的摆放"开头，大概是与我那时研究过砌筑案例的记忆相混淆，张永和以密斯另一句"上帝存在于细部之中"的开头，与其对但丁纪念堂铺陈的诗意为结尾，原本有着更为致密的神学关联。

借助密斯乡村砖住宅那张描绘细致的排砖平面图（图 50），张永和以砌筑视角的解读，读出了将建造作为起点的设计方法——具有固定形状与确定尺寸的砖材料，按照图中一丁一顺的砌筑方法，就能砌出平面墙体的建筑形式，也筑出了空间流动的砖宅形态。我当年迷恋这篇文章里的那些动人案例，无论是卒姆托的温泉浴场，还是宾纳菲尔德的砖房子，无论是西扎工作室开洞特殊的楼梯，还是妹岛和世森林别墅居间暧昧的空间，都只是对这一建造

方法论的拓展证据，以证明从材料自身的建造方法所建构的空间，就能在建造过程中得到材料、方法、形态、空间的各自突破，借此实现通过建造来构成建筑的推进意义，而不必依赖建造之外的理论或哲学的附加意义。

张永和以特殊的断句，缜密的逻辑，不动声色地陈述这些案例如何从材料、方法、形态、空间的建造中，实现对建筑不同方面的推进意义。这使得他在末尾描述但丁纪念堂一口气铺陈的十九个"诗意"，显得情感充沛，气势憾人：

但丁纪念堂的诗意，更是石承重墙的诗意，庭院的诗意，石柱的诗意，柱与柱之间关系的诗意，高差的诗意，踏步的诗意，门洞的诗意，天光的诗意，矩形的诗意，方形的诗意，正交的诗意，窄的诗意，玻璃的诗意，玻璃柱的诗意，天花与柱之间关系的诗意，缝隙的诗意，石铺地的诗意，围合的诗意，基本建筑的诗意。

张永和并没将诗意，用在任何他在文中提及的当代经典作品里，却将密度极高的诗意字词，全部献给表达《神曲》的但丁纪念堂，它就有两种诗意分叉的相反解读：

1. 诗意只存在于表达《神曲》里神学主题的但丁纪念堂；

2. 即便没有特拉尼对《神曲》神学意象的对位表达，但丁纪念堂相关材料、方法、形态与空间的建造，也能自成诗意。

我那时还不能分辨这两种解读下的诗意区别，但我早年在非常建筑短暂工作过的数月间，却曾见到张永和试图表达诗意的建造努力。我去非常建筑工作前，张永和与鲁力佳才完成了晨兴数学研究所的设计，据说是一再向前辈建筑师咨询施工图的技术细节，才勉为其难地开始了实际建造。我去非常建筑工作时，张永和正为潘石屹设计名为山语间的住宅，即便我那时还没表现出对园林的兴趣，也觉得山语间这个名字，诗意盎然。山语间动人的剖面，那时已经完成，在绵延的单坡顶之上，几个出离屋面的卧榻盒子，以尽量低矮的窗槛，叙述着坐观山色、卧闻山语的栖居诗意。我那时参与的工作，好像只推敲过山语间的一座壁炉，另外，我还去了一趟山里，为山语间放线。等山语间建成时，我已离开非常建筑，一同前往赏析时，我径直攀上坡顶之上的阁楼，卧观山林的槛墙，却抬到只有站着才能见山的高度。我问张永和缘由，他眉头紧锁，说是技术咨询后的结果，若不提高那些盒子的槛墙，屋面就难以卷材防水。我那时对建造一窍不通，但觉得坡顶本身的排水疾速，不至于要翻上几十厘米高的槛墙，回老家去庐山时，我还特意看了一下近代别墅的阁楼，有些槛墙，离坡顶大概只有十厘米左右高，但也不明所以，只觉得有些遗憾。

我离开非常建筑的原因，既有我从北工大往返的不便，也有我是唯一拿薪水却不会用电脑的人的心虚。那时的非常建筑工作室，最缺的不是纸上谈兵的能力，而是懂得实际建造的人才。那时候，工作室嗓门最大的人员，不是张永和与鲁力佳，而是能画施工图的朱亦民，后来，则是懂得督造工地的王辉。我后来还参观了由王辉督造的柿子林住宅，可无论是细部处理还是空间意象，

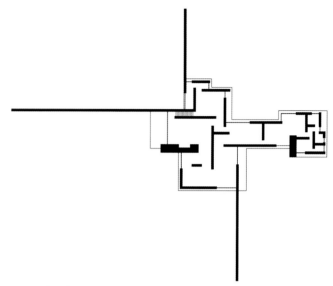

图 50 乡村住宅平面图，徐浩天重绘

都远不如山语间。

因为见识过晨兴数学研究所建造时的举步维艰，也经历过山语间因建造技术而损失的诗情画意，我对张永和将建造研究，当成北大建筑学研究中心的立足之本，觉得顺理成章。大概不只是对中国建筑教育普遍不及物的纠偏，也有张永和从非常建筑到平常建筑的实践需要，其情形，就像一位胸有丘壑的诗人，忽然想将其绘制成画，却发现用毛笔写诗，与毛笔作画的技巧，并不完全相通。我相信，一旦跨过建造技术的一时障碍，张永和终究会用平常建筑的建造方法，表达《非常建筑》一书里蕴含丰富的诗意意象。

8 抽象与具象

在《平常建筑》这篇文章的结尾部分，张永和在铺陈但丁纪念堂的十九种诗意之前，他特意指出：

因为纪念堂的每一个建筑元素和空间都对应于但丁《神曲》中的某一章节。但我不认为但丁纪念堂的诗意出自建筑与诗歌的关系。

我至今也不信，诗意会出现在建筑与诗歌的并线关系里，但我却毫不怀疑但丁纪念堂要以建造技术表达诗歌意象的具体努力。

无论是我早期的纸上设计，还是我随后展开的建筑实践，我近乎固执地坚持表达具体的意图，不知是出自沃林格的《抽象与移情》对我的早年规训，还是来自我博士论文对山水表意认识的后期浸染。在清华读书时，我曾被《抽象与移情》中的两句——抽象源于恐惧、空间是抽象的敌人——所刺激，以为它或许是流动空间的理论源头，并顺带记住了沃林格对森佩尔建构理论的批判，他以为，放弃表达意志的建构理论，必将导致对节点的技术性崇拜。我那时对建构理论一无所知，后来在弗兰姆普敦的《建构文化研究》里，读到《斯卡帕与节点崇拜》的章名时，才有会心与违心这两种矛盾情绪，我以为，斯卡帕是现代谈论诗意也坚持表意的罕见巨匠，一旦放弃对其节点的表意解读，就只能讨论其节点的技术性细节。

但我理解张永和如此陈述但丁纪念堂诗意的旨趣，在现代主义的日常语境里，如果剥离但丁纪念堂与《神曲》对位的神学诗意，哪怕仅仅残余一些神学之外的诗意残片，都将对现代建筑无意可表的困境，开启一条窥视日常诗意的后窗。

张永和为但丁纪念堂铺陈的十九种诗意，隶属于《神曲》里的四种神学空间：

迷失的森林、沦陷的地狱、历练的炼狱、救赎的天堂。

但丁纪念堂起始的森林（图51），以断开的石墙与天花间一百根石柱所构造；从石墙与天花缝隙间漏出的交错光影，将密集的群柱，投射成光影迷离的森林意象。从森林误入的地狱（图52），延续了森林以群柱与断裂天花构造空间的句法；象征七宗罪的七根圆柱，各自矗立在被斐波那契螺旋渐开线所断开的

七块方形天花与地板中央，随着七根圆柱柱径越变越细、柱距越变越密，它们各自所在的天花与地板，也越变越小越来越低，并被屋顶越来越细越来越暗的缝光，投射成灵魂绝望的沉沦场景。与地狱接续的炼狱（图53、图54），舍弃了地狱自森林而来的群柱句法，却延续了渐开线母题；沿渐开线旋转布置的越来越高、越来越小的七块地面，被屋顶七个大如天井、小如柱洞的渐变洞口所对位的天光，投射成灵魂出窍的升华景象。从炼狱上行而入的终端天堂，是以三十三根玻璃柱以及玻璃肋板所架构，穿过玻璃肋板的顶光，将玻璃圆柱，投射成近乎无物而明澈的天堂意象；光线透过天堂地面的裂缝，将天堂的余晖落入底层的森林，并接通了天堂与森林间的隐秘关系。

但丁纪念堂表现出的四种空间意象，可按其抽象程度进行分级：

但丁纪念堂以全玻璃构造出的天堂，其近乎纯粹光线的无物抽象，是对生物向光本能的极端表现；它虽属超然于神学的亘古存在，却因光线过于抽象，如果不能投射到具体物象上，它自身并不具备独立的表现性意象。但丁纪念堂以石柱构造的森林，意象最为具体；其古老的意象，甚至可以追溯到人类对巢居意象的记忆，因为它比宗教还要古老，它就也非神学特属的意象。但丁纪念堂的地狱与炼狱，则是特拉尼对《神曲》里山谷与山峰这两种自然意象的抽象，他以现代建筑常用的对立语汇——下沉与抬升、封闭与开敞、幽暗与明亮，准确地构造出地狱与炼狱这两种相反的空间意象，这些介于抽象与具象之间的空间语汇，不但是海杜克为九宫格设计训练所使用的基本语汇，也是埃森曼早期建筑图解的基本句法。考虑到埃森曼是以特拉尼建造的法西斯大厦为其理论起点，被埃森曼视为现代建筑空间语言基础的——中心与外围、垂直与水平、内与外、正面性与旋转的——等空间句法，就像是对但丁纪念堂空间词汇的总括。

特拉尼既然能以这些现代空间常用的语汇，准确表达出《神曲》里宏大而繁复的神学意象，它们本该也能准确表达出非神学的日常意象。但无论是海杜克的纸上建筑系列，还是埃森曼的住宅系列，

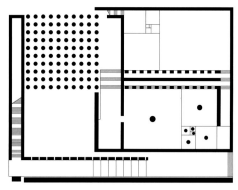

图 51 但丁纪念堂底层平面图，徐浩天重绘

图 52 但丁纪念堂地狱，藏于 Lingeri Archive

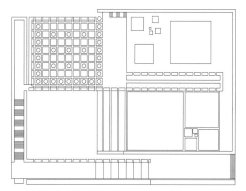

图 53 但丁纪念堂顶层平面图，徐浩天重绘

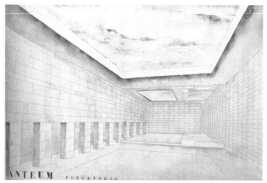

图 54 但丁纪念堂炼狱，藏于 Lingeri Archive

从未呈现出如但丁纪念堂那样明确而动人的意象，与其说现当代建筑缺乏日常建筑的空间句法或建造技巧，不如说是匮乏日常建筑的主题性意象。

以群柱结构表达形象鲜明的森林意象，几乎是人类摆脱巢居以来的本能意象。作为神学与日常建筑共享的森林意象，它不但贯穿了整个古代建筑史，还在现当代建筑中得以延续与扩展：

古埃及以群柱构造出如丛林般的神庙意象，在古希腊与古罗马人神同形的时代，已抽象得仅剩几种相关植物的柱头，并广泛地使用在神庙与世俗建筑中。而在哥特大教堂的神学时代，又以束柱接续的肋拱，重新架设起兼具森林与洞窟这两种相关庇护的自然意象，以群柱表现丛林的自然意象。在现代建筑盛行之际，不止有特拉尼在但丁纪念堂以石柱表现出森林的神学意象，与但丁纪念堂几乎同时期设计的约翰逊制蜡公司，是赖特以蘑菇形的群柱为日常办公架构出如在海底林间意象的现代佳作。沿着以森林表现神学与日常空间意象的这两条线索，在当代，阿克塞尔·舒尔特斯建筑事务所于 2000 年建成的鲍姆舒伦韦格火葬场，其群柱被柱洞间的顶光照亮的空间意象，交织着但丁纪念堂的森林与天堂这两种神学意象。几年之后，伊东丰雄以海草为意象，模糊地呼应了赖特在约翰逊制蜡公司以蘑菇柱架构的海底森林的自然意象。相比于伊东丰雄以模仿树枝分叉构造的 TOD'S 表参道店的表皮（图 55），他所建造的多摩美术大学图书馆（图 56），则以混凝土拱克制地表现出与哥特教堂那种交织着森林与洞穴的类似意象。以蘑菇柱为结构，伊东丰雄既设计出纪念性的冥想之森，也设计了日常性的台湾大学社会科学院图书馆，它们都像是细部简化了的约翰逊制蜡公司的森林意象。

台湾大学社会科学院图书馆的内部空间，以蘑菇柱架起了酷似森林的空间意象，但其外部一圈有着横平竖直边框的玻璃界面，非但没能强化反而抵消了内部架构的森林意象。相比之下，在约翰逊制蜡公司，赖特不但使用了玻璃管来密封圆形屋盖间的异形缝隙，以模拟林下海底漫射光的自然意象，他还在远处以一圈遮挡视线的实墙，遮蔽外部无关森林的视野（图 57），并在环墙与圆形屋盖间，以一圈 L 形剖面的玻璃管天窗，表达出内部森林或海洋向远方绵延的波光意象。有赖于赖特对屋盖缝隙间天光的细部处理，以及对视觉意象的准确把握，才使伊东丰雄那件作品从各方面看都相形见绌。

9 细部与细节

在《平常建筑》一文的开头，张永和从密斯的砖宅读出一种建造方法之后，还谨慎地提及，那份绘有排砖细部的砖宅平面图，并非密斯所画，而是建筑史家布莱泽的重绘；而对密斯自己绘制的并无砌筑细部的草图，张永和评述到：

砖宅平面如抽象画般的构图，显示了现代美术对密斯的影响，但平面的艺术性不等于建筑的艺术性。人在建筑看不到平面，看到的是非构图性的材料、建造、形态与空间。

我当时对此深信不疑，甚至检讨过我翻译海杜克《美杜莎面具》时的发现。海杜克的菱形住宅（图 58），深受蒙德里安菱形构图的影响（图 59）。按蒙德里安在菱形方向的平面切割，比方形平

图 55 伊东丰雄，TOD'S 表参道店，自摄

图 56 伊东丰雄，多摩美术大学图书馆，柏影提供

图 57 赖特，约翰逊制蜡公司，Carol M. Highsmith 摄，藏于美国国会图书馆

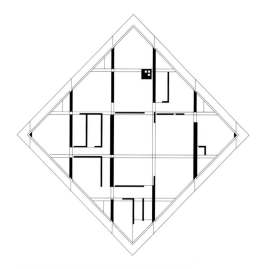

图 58 海杜克，菱形住宅平面图，徐浩天重绘

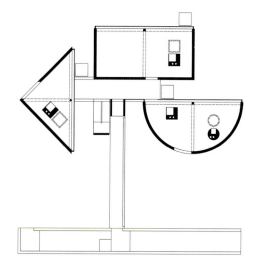

图 60 海杜克，半宅平面图，徐浩天重绘

图 59 蒙德里安，《菱形构成第四号：红·灰·蓝·黄和黑色》，藏于美国国家美术馆

面的分割，更容易在正轴测中表现其立体特征，对方形与菱形进行一样对半切分的操作，还会得到矩形与三角形这两种不同形态，并构成了海杜克半宅里的两种不同平面（图60）。即便如此，我那时也以为，这种平面上呈现的形态差异，并不等同于感受的差异。

等我后来看到何松翻译的新造型主义宣言时，我发现，将三维空间爆破为二维平面，正是新造型主义明确的建筑目标。这不但唤起我对沃林格那句"空间是抽象的敌人"的记忆，也让我重新检讨乡村砖住宅平面的构形意义。

通常情况下，人在建筑中，的确看不到建筑平面，但密斯这件与新造型艺术宣言同年绘制的图纸，平面上断开的线性砖墙，在建造成墙时，将表现出强烈的平面特征。从密斯后来建成的巴塞罗那德国馆来看，其主要空间，完全由瓦解体量的石墙平面构成。密斯为干挂石材所选的金绿两种色彩，以及特意订制的红色帷幕与黑色地毯（图61），这些材质的面状色彩，皆可视为对蒙德里安色彩平面的构成性响应，并造成空间瓦解成平面的实际感知。

正是从巴塞罗那德国馆独立于面块之间的镀铬钢柱里（图 62），张永和发现它们复杂的构造细节——十字形横截面，由除了铆钉螺栓外 16 个部件拼装而成，并相信密斯在这些精美的细部中，曾与上帝谋面。但这些繁复的构造细节，却被一层镀铬表皮所包裹，它虽不符合建构理论表现构造节点的有机倾向，却符合新造型艺术的无机宣言。沃林格在《抽象与移情》这本理论著作里，曾将抽象视为对有机生命进行抽离后的无机化结果，而在蒙德里安的新造型主义的建筑宣言中，也将显露结构骨架的习惯视为自然主义倾向的遗存，以为它们在新造型艺术中，并无立足之地。就此而言，密斯不画砖宅的砌筑细部，或许只是对新造型主义无机宣言的响应。

张永和在他所出的"（无）上下住宅"竞赛标题给出的释义，就得自对巴塞罗那德国馆空间感知的经验，得益于八根十字钢柱与天花、地面之间，上下皆无分节的构造细部，遂使巴塞罗那德国馆的天花与地面间，失去了对上下感知的有机线索。而十字钢柱镀铬表皮的镜面反射（图 63），也模糊了水平方向的感知线索。空间中那堵耀眼的玛瑙石壁，其十字缝隙，只是整块玛瑙石裁分拼缝的结果（图 64），并没表明它是砌筑还是干挂的构造细节。在这条恰好位于视高的水平分缝线上，玛瑙石纹理在缝线上下的对称，还强化了天花、地面乃至十字钢柱，都有无上下感知的抽象特征，并造成了空间并无定向的流动感知。

在《西泽立卫对谈集》里，不同建筑师对抽象与细部的关系，有着语境不一的多种讨论。在讨论石上纯也以 305 根纤细白柱构造出 KAIT 工坊空间的森林意象时，西泽立卫以为，若无屋顶地板与群柱间的分节表达，空间将会更加抽象，位于天花与地板间的群柱，就可免于像是装置的感觉。石上纯也则以为，若无群柱对空间的分节表现，空间中的那些群柱，才真正像是装置。我不清楚，这个与节点类似的分节一词，与栗山茂久在《身体的语言》一书里讨论的分节，是否译自同一个单词，我在"身体与建筑"的一次讲座里，曾引用过栗山茂久对分节的阐述，他从柏拉图到阿尔贝蒂对身体构造的不同论述间，指出西医相关身体生长的分节讨

论，与柏拉图的无机几何美隐约相关。我则从路易·康将建筑节点与手腕关节的类比中，将话题引向康对斯卡帕建筑节点与自然关系的赞词：

节点是装饰的起源，细部是对自然的崇拜。

这里的自然一词，是对自然物有机生长的模拟，若按分节的有机线索考虑，西泽立卫与石上纯也讨论 KAIT 工坊的分节，大概是指天花板上裸露出群柱与梁架间的构造关系，而非西泽立卫习惯以隐藏结构获得的抽象平面。我因此同意石上纯也的判断，若无梁柱间这些相关构造的分节构造，在两层抽象的天花地板间的群柱，就像是空间中陈列的装置，而无法参与表达出石上纯也想要模拟森林的总体意象：

无论是被抬高的天花板，还是被加密成 305 根的纤细群柱，无论是群柱疏密不均的布置，还是群柱截面远近不等的结构细节，都在模拟有别于常规柱列近粗远细透视规律的森林意象。在不甚均匀的天光照射下，天花上那些疏密不等、长短不一、受光不匀的横向钢梁，则表达出森林横柯上蔽的自然意象。相比于伊东丰雄在 TOD'S 表参道店以特殊结构剪裁出的森林形象，石上纯也的 KAIT 工坊，却以钢结构常规的梁柱体系，构造出既抽象又具象的森林意象，它既符合建构理论的常规表现，又表达出结构之外的自然意象。

让我颇为困惑的是，石上纯也新近在 KAIT 工坊旁扩建的广场，是以一张巨大的混凝土帷幕所铺陈。幕顶间看似随机的洞口形态，就像是对但丁纪念堂炼狱天光洞口的复杂化。无论是天花还是地面，都近乎完全抽象。相比于如今被简化为 square 的一类空地形广场，我觉得它就像是对意大利以柱廊围合广场的东方化，尽管它既无柱廊也无植物，我却从其光影斑驳的氛围间，依旧感到一种森林或废墟的自然意象。相比之下，妹岛设计的德国埃森关税同盟设计与管理学院的庭院洞口（图 65），虽有着与但丁纪念堂炼狱洞口更为近似的形态，我甚至不觉得它有任何庭院的意象，或许是其下方对应了两个采光洞口，它就只呈现出相关采光的技术面向。

图 61 巴塞罗那德国馆（一），范路摄

图 62 巴塞罗那德国馆十字截面柱，范路摄

图 63 巴塞罗那德国馆（二），范路摄

图 64 巴塞罗那德国馆玛瑙石十字拼缝，范路摄

细部与细节这两个词，即便是在中文语境里——无论是相关自然物生长的有机细节，还是相关整体与局部的分形细部，都暗示了它们应表现更高层级的整体性意象。卒姆托设计的瓦尔斯温泉浴场，其独柱顶板的结构形态，就像是将但丁纪念堂独柱变方变空的结果，连它们之间的缝光与下沉的地面，都很相似。得益于其细部表达的准确，其最终完成的空间意象，也像是对特拉尼抽象为地狱的山谷原型的意象复原，它却全无地狱的阴森，而有清泉石上流的洞穴意象。若以细部表达整体性意象而言，石上纯也的 KAIT 工坊的细部表达，与卒姆托对瓦尔斯温泉浴场的细部表现，并不相通。瓦尔斯温泉浴场的细部几乎是反建构的，如表皮般砌筑在混凝土结构外的窄条石材，既没表现出内部的混凝土结构，也不表现外部石材的砌筑性，其极为繁复的错缝拼接的细部，恰恰是要掩盖其实际砌筑的特征，以模拟出其如独石般的层岩肌理（图 66），它们既消除了自然山石不近身体的粗糙感，又准确表达出它们作为独石般的自然意象。

10 精确与表达

在《从家具建筑到半园半宅》一书中，我曾摘录过卒姆托关于精确的论述。他从卡尔维诺《未来千年文学备忘录》的"精确"主题中，引出相关建筑的设计与感受问题：

那些被使用者感到的开放性与模糊性，能被预先设计吗？

他从卡尔维诺这个"精确"主题里，找到一个看似荒唐却让人心安的结论：

朦胧诗人只能是提倡准确性的诗人。

在我读到卒姆托这段论述前，卡尔维诺在《美国讲稿》预言过的五个文学特征——重量、速度、精确、形象鲜明、内容多样，已在北大建筑论坛上讨论多年，学生们讨论最多的是"轻盈"与"速度"（在另一个版本《未来千年文学备忘录》里，将重量译为轻盈，将速度译为快捷）。我则更偏爱"精确"，不只因为它相关表达，

我在卡尔维诺对"精确"的延展性论述中，还发现张永和那篇《平常建筑》文章里的一半线索：

砖、上帝与细部、但丁的《神曲》……

卡尔维诺用以展开"精确"主题的开头，是古埃及名为玛亚特的羽毛，它不只是度量心灵的轻盈砝码，也是古埃及以砖长确认的度量单位，它甚至还是笛子的基音。砖头与羽毛，与卡尔维诺所给文学表达的一对模式——晶体与火焰，颇为类似，前者稳定如语言或砖石，后者灵动如心灵或意象。

如何以砖头般的稳定字词，精确捕获瞬间即逝的灵动意象？

无论是对建筑师还是文学家，都将面临表达意象的不确定性，在卡尔维诺看来，与无限性类似的不确定性，常让精确表达陷入绝境，任何具体的意象，往外都有无限的关联意象，往内也有无尽的微分细节，直到卡尔维诺感到绝望：

使我头昏的则是各种细节，细节的细节，我先是陷入无限广阔之中，现在又陷入无限微小之中。

他被迫援引福楼拜前来救场，福楼拜说：

仁慈的上帝寓于细节之中。

图 65 妹岛和世，德国埃森关税同盟设计与管理学院，Alena Hanzlová 摄

图 66 卒姆托，瓦尔斯温泉浴场，柏影提供

　　卡尔维诺用伟大的宇宙幻想家布鲁诺的论述来解释这句话：

　　布鲁诺说，宇宙是无限的，是由无数个世界组成，但不能认为宇宙"全部无限"，因为每个世界都是有限的。

　　"全部无限"就是上帝，"因为只有上帝存在于整个宇宙及其全部无数个世界之中"。

　　卡尔维诺为作家或建筑师，提供了一种有别于宏大叙事的有限创作模式，他以自己写作的《看不见的城市》为例，只要放弃一次性写出包罗万象的城市野心，每次只描写出城市一个有限而具体的侧面特征，这些数量有限但角度各异的城市描述，就像棋盘上的不同棋子，在不同博弈间，它们叠加与交织出的复杂意象，已接近一座真正城市的复杂程度。

　　以排列组合制造出上帝般无限的细节，并不困难，真正的困难，是如何选择那些无穷无尽的细节，又要以这些细节来表达什么意象。作为博尔赫斯狂热的信徒，卡尔维诺在《未来千年文学备忘录》里，一再暗示过无限分叉的细节描述，主题都是为躲避死亡的时间，也曾明确讲过要选择能表达底部有巨大冰山的那些细部。

　　受博尔赫斯《路径分叉的花园》的影响，卡尔维诺写出了题目极为相似的两本小说《命运交叉的城堡》《命运交叉的饭店》。小说看似以纸牌排列组合的开放性写法，分别写出了七个既相互独立，又相互交叉的故事，其暗含的贪婪、纵欲、嫉妒等七个主题，无疑是在对位但丁《神曲》里的七宗罪。卡尔维诺以这种隐匿神学主题所写出的这些作品，像极了密斯隐匿帕提侬神庙原型而建造出的一系列形象鲜明的经典建筑。我不清楚，密斯与卡尔维诺在各自的建造或写作间，在失去主题意象的细部或细节里，是否真能遭遇上帝。

在北大建筑早期的论坛课上，学生们以卡尔维诺为文学特征预言的"轻盈"，讨论现当代建筑以玻璃或不锈钢建造的轻建筑形象，而在卡尔维诺的原境里，他将"轻盈"视为表意"精确"的结果，按卡尔维诺的讲法——假如表意准确，即便是使用了"石头"一词，也不会使得诗歌意象变得沉重，或者用"纷飞"一词，也能表现出沉重的感受。他得出这个结论的推论，正是对但丁在《神曲》"地狱篇"里用词的考察。同样以"纷飞"一词描述雪花，与但丁同时代的一位诗人，以纷飞的白雪，描述出情人纯洁而飘忽的心绪波澜，但丁仅仅在这句诗的前面，添加了"无风"二字，就准确表达出在地狱的雪花，纷飞而下坠的冰冷重量感。

在"精确"这一讲的结尾，卡尔维诺以达·芬奇描绘海怪的形象收尾。这位伟大的画家，从陆地海洋生物化石的残骸中，试图描绘一种业已消逝的海怪在海中浮游的形象：他在第一稿，描写它像大山般傲慢地徐徐前进；在第二稿，为增加海怪的生动性，他为海怪的前进，添加了一个"翻转"的动词，又觉得削弱了海怪的庄严意象；在第三稿里，他选择在怪兽与海洋间，添加一个"分开"的动词，才描绘出海怪巨大的脊背把海水分成两半的浮游意象。

因为达·芬奇不是用他高超的绘画技能，而是用他并不擅长的文字来推敲形象，卡尔维诺描述达·芬奇用文字锤炼意象的艰难情形，几乎刻画出所有初学者的笨拙状态：

他与粗糙的、结结巴巴的语言进行斗争，寻求丰富的、细腻的、准确的表达方式。

11 主题与意象

在"形象鲜明"这一讲，卡尔维诺曾不无悲观地预言，失去（神学？）主题控制的未来文学，文学的想象，将无可避免地被视觉的幻象所代替。为了纠正这一趋势，他在随后一讲"内容多样"的讲稿中，一开头就提及《神曲》炼狱篇里相关想象的诗句：

然后落入我的崇高想象中。

卡尔维诺将这句话解释为，想象是个可以落进东西的地点，以此来区分仅有视觉的幻象。综合他在"形象鲜明"与"内容多样"这两讲的主题，我想将卡尔维诺这句未尽之言，续接为：

繁复的意象，将落入鲜明的主题间。

我第一次意识到主题对繁复意象的控制力，正是初见但丁纪念堂那张平面图的时刻。当时是在北大建筑论坛上听李宁讲但丁纪念堂，那张被置于古罗马遗址总图内的平面图（图 67），与周围密集的罗马柱廊广场，看似毫不违和，却又极为不同。但丁纪念堂回环复杂的繁复空间，既不像其四周以柱廊围合的罗马广场，也不像是同一神学主题下的哥特教堂，它更像是古埃及仪式繁复的神庙。令人惊叹的是，相比于哥特大教堂在单一空间内同时性表现的《圣经》意象，但丁纪念堂以历时性线

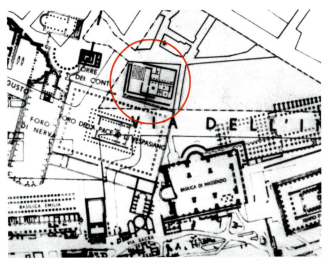

图 67 但丁纪念堂总平面图，李宁绘制，底图藏于 Lingeri Archive

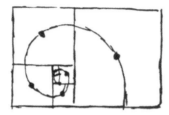

图 68 柯布西耶，永无止尽概念图，出自《勒·柯布西耶全集》（中国建筑工业出版社，2005）

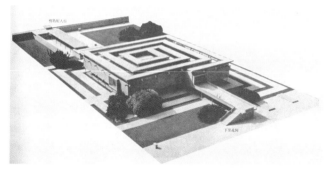

图 69 柯布西耶，永无止尽博物馆，出自《勒·柯布西耶全集》（中国建筑工业出版社，2005）

索串联起来的四种繁复的空间意象，一样也准确地表达了《神曲》里的神性意象。

我起初以为，这是特拉尼选择了柯布西耶在"永无止尽博物馆"的那条暗含有限与无限这一神学主题的渐开线所致。我是在多年之后，才意识到柯布西耶那条"永无止尽博物馆"的渐开线，原型正是斐波那契数列的图形呈现，它们与柯布西耶后来以斐波那契数列叠加身体所发展出的模度，贯穿了柯布西耶整个建筑生涯。可是，即便是伟大的柯布西耶，即便他从海螺生长转换为斐波那契螺旋平面的概念图（图 68），像极了但丁纪念堂炼狱与地狱的平面，即便柯布西耶至死都在推敲以渐开线为主题的"永无止尽博物馆"（图 69），即便他以此原型建成过的几幢建筑，影响了日本相关时间的新陈代谢理论，但无论是从新陈代谢派建成的几

幢建筑，还是从柯布西耶以此建成的博物馆或美术馆来看，似乎都没表现出相关时间的空间诗意，都只表现为对未来扩建留下的技术性节点。

作为柯布西耶信徒的特拉尼，他似乎忽然就把握住渐开线相关时间的全部奥秘，他忽然就能在斐波那契螺旋主题中极为精确地表现出《神曲》既隐晦又多样的文学意象，无论是在现代建筑史中，还是在他自己的建筑生涯里，其表意之精准，都空前绝后。我以为，这是特拉尼从《神曲》宏大主题内汲取的力量，或者说是《神曲》鲜明的神学主题，激发了特拉尼崇高的想象，继而以现代建筑语汇，塑造出但丁纪念堂既繁复又准确的诗意意象。

在环秀山庄大假山中，我所见识到山水主题对山水意象的统领能力，完全不输于《神曲》的神学主题对但丁纪念堂空间形

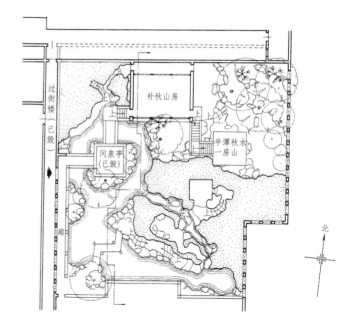

图 70 苏州环秀山庄假山断绝与断裂平面，出自《苏州古典园林》（刘敦桢著，中国建筑工业出版社，2005）

态的塑造力，我甚至以为，我发现了天工造物的秘密——如果将环秀山庄的假山，视为一座大山或断或裂的天工开物的两种结果（图70），南北两山的断绝（图71），以及北山中部的断裂（图72、图73），以此塑造出南部山岛间的绝涧与深潭、峭壁与悬台，以及北部峰峦间的斜谷与蹬道、危径与洞穴，这些繁复的山水意象之间，就有相关天工开物的生成性关联，而无狮子林假山峰峦堆砌的造作形态。

清水会馆的设计，原本有着一个与功能耦合的主题，可以统帅那些繁复的建筑与庭院。为串起我事先设计好的那些造型不一的单体建筑，我以东南角的游泳池的泄水为起点，来布局单体建筑与院落间的复杂关系。依据水往低处流的重力原则，直接促成了东南角的泳池被抬高，泳池之水，颇为曲折地穿过家庭影院，从一个隐蔽的狭庭中涌出，再从一条纪念性的狭缝落水口（图74～图76），流入中央的绕水方庭，从方庭西北角流出的水，顺着圆形餐厅的墙根绕行向北，一圈砖砌的浅池，勾勒出梧桐大院与合欢院的庭院地界（图77、图78），最后穿过客舍，流入客舍北部的矩形池面，满溢之水将汇入北部的自然池庭。

这条水系，原本有机会为清水会馆的一半庭院，带来相关流水涌出、跌落、汇聚、环绕等不同形态的水景。我本不必陷入以植物命名庭院的意象困境，但我将水源寄托在泳池偶然泄水的功能间，就决定了我那时并未将水当成庭院的主题性意象。那条水系，与其说是水景，不如说是兼具泳池泄水与雨天排水的技术性沟渠。清水会馆被拆之际，我曾请曾仁臻画过两张画，他在两张画里都添加了一处水景（图79），如今想来，大概是我从建筑转向园林的转折足够生硬，才会让我忘记除开中日园林有着相关山水或池

图71 环秀山庄假山断绝处，万露摄

图72 环秀山庄假山南北断绝，万露摄

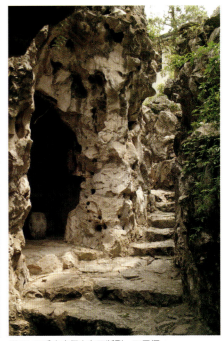

图73 环秀山庄假山东西断裂，万露摄

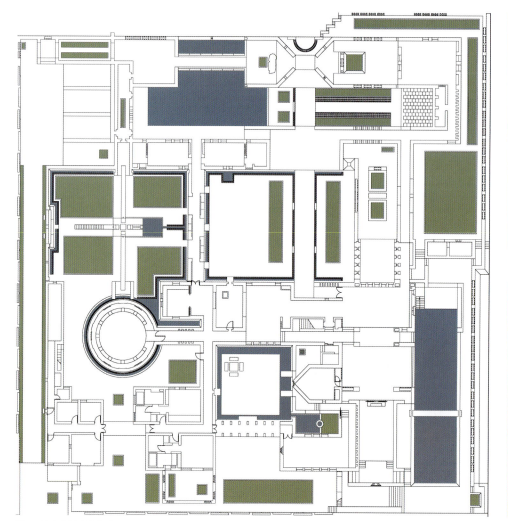

图 74 清水会馆庭院水系

图 75 清水会馆出水庭，万露摄

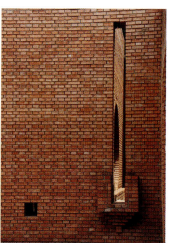

图 76 清水会馆出水狭缝，万露摄

图 77 清水会馆环形水槽　万露摄

图 78 清水会馆合欢院水槽，万露摄

图 79 清水会馆，曾仁臻绘

图 80 膝语庭桂庭瓦波浪铺地，自摄

图 81 膝语庭石棉瓦缝滴水，万露摄

图 82 清水会馆柳纱橱玻璃顶流水，万露摄

图 83 红砖美术馆西门四水归堂玄关施工照片，自摄

岛的自然意象外，全世界各种经典庭园，多半都以水为主题性的自然景观意象。

但我坚持表现功能性用水的意图，还是让我摆脱了将水视为景观要素的单一趣味，在我后来的设计里，我才得以扩展水的表现性内涵。在膝语庭的设计中，我第一次将水当成主题进行表现，它就分出了三条线索：除开那方自然石池外，桂庭以瓦波浪铺设的如水铺地（图80），则来自计成对铺地样式的主题性甄别，他对铺地间象形的龟鹤或狮狗，都极尽讽刺，却对与山水主题相关的瓦浪当石，或冰裂绕梅的铺地式样，极尽颂扬；那个由红木架构的膝语亭，我第一次想要在双层石棉瓦内埋设水管，虽也有为南宁炎热降温的功能性意图，也有表现其如雨天滴水的自然意象（图81）。在膝语庭地仅一分的池庭间，膝语亭下的石池潭水、膝语亭顶石棉瓦间的滴水、桂庭瓦波浪铺出的流水意象，它们意象密集，却并无堆砌之感，大概就来源于它们是在山水主题下的扩展。

膝语亭以流水降温的经验，很快被我带到清水会馆池岛上的柳纱橱（图82）。几乎与柳纱橱同步设计的红砖美术馆西门玄关，其立意也是要表现埋设在地下的消防用水。我以向着消防水池的四坡滴水（图83），既想为西门进出美术馆经营一处模拟下雨的玄关，也想利用滴水入池的声音，降解西门附近的人车噪声。尽管它后来被甲方要求改造为小餐厅而泯灭了水景，但由山水主题衍生出的降温、减噪、模雨、仿水等繁复的意图或意象，拓展了我当年在水边宅受困于家具建筑的单一线索。水边宅客厅那两条让我左右为难的混凝土梁，在中国园林相关山林的主题意象中，我如今很容易将那两根梁翻上屋面，围成一个屋顶植物池，至少可为屋顶家具的日常使用，带来林荫遮蔽的身体舒适。在清水会馆设计时，我为隐藏空调的室内外机器，曾殚精竭虑地设计过各种砖龛，王宝珍在南宁椭园为空调冷凝水在砖缝间剔出的那条浅溪，对我的启示，甚至超出他建造的那些庭园，我也开始尝试着表现这些现代生活必要的设施。我在自己住的小院里，偶然发现厨房抽油烟机排除的浊风，对用以遮蔽风口的一株葡萄，竟有

促进植物生长的作用。我在如今正在建造的壶庐庭中，正尝试着将空调室内机藏在室内植物池背后，空调之风，即可促进植物生长，还能让内庭植物，有风吹枝叶的天籁之声，而任由其空调冷凝水，滴落内庭的池中……

我以前从未想过，即便在完全人工的条件下，我也可以制造出风吹林动的交织意象。我也从未想过，我在膝语庭铺设在地面上的瓦波浪意象，将来会重新爬上溪山庭的坡顶（图84），但它们已不复当初在屋顶上呈现出的瓦垄样式。那些如马远《水图》波纹的瓦浪，是以后瓦压前瓦构造而成，它们不但有以瓦间流水降温的意图，还叠加着瓦纹如水的意象，并交织着我想要制造空腔瓦鸣的意愿。在溪山庭不大的东西两山间，为消除栏杆带来的如在牢笼的围困形象，我和钱亮一起，将它们化解为兼具家具、藤架、踏步等一系列钢筋构件。这些被王宝珍视为增添了溪山庭攀爬假山陡峭感的构件（图85），最初只源于清水会馆那次以钢筋藤架造景的技术尝试，我完全没想过它们将来会与山意的感知相互交织……

12 浇筑与编织

当年，在清水会馆后花园扩建时，才毕业不久的王宝珍回访工地，见到我连空心砖的砌缝都画出来的图纸，颇为惊讶。石磊那时就拿着我的这些图纸，到北京周边联系空心砌块厂家，却带来厂家希望我去讲座的消息，我对此并无兴趣。等工地完成近半时，厂家忽然来了一群人拍照，他们对这些填充材料的表现性，兴奋不已，恳请我能对砌块提出更多的表现性需求，以便他们能研发一种具有表现性的新型砌块，并承诺可以免费帮我们浇筑模具。

我对他们的这一想法大惑不解，哪有什么表现性材料，只有对材料进行有所表现的设计。一旦我设计出自带表现性的材料，也就意味着我无法再对材料进行设计，其情形就像我一旦相信毛石自带的自然属性，也就意味着我无法对毛石进行表现性设计；一旦我相信有景观石一说，就意味着我将材料的选择当成了意象的设计。我后来还意识到，既没有技术性用水与庭园用水的区别，

图 84 溪山庭坡顶瓦纹，钱亮摄

图 85 溪山庭栏杆兼踏步，钱亮摄

也没有行道树与庭园用树的区别，区别仅在于有无能力在其间注入准确的表现意图或意象。

　　就是在那段时期，或许是想缓解我无力掇山的困境，张翼在一次研究生组课上，曾演示过他拍摄的动物园人造猴山的一些照片，以为在塑性钢丝网上喷涂混凝土的假山技术，既有塑造山形的自由，也有中空蓄土种植的潜力。我担心的正是这种单向造型的自由，如果没有了对掇山材料的技术性限制，即便我能利用现代计算机技术塑造出山形建筑，其单向塑形的象形结果，与天子大酒店以喷涂混凝土塑造福禄寿三星，就并无不同。我想要塑造的不是那种象形之山，而是想要在塑形的过程中，把握住材料与意象间相互限制、相互确认、相互编织的张力。

　　大概在十年后，还是在我的研究生组课上，有学生讲解恩萨伯工作室（Ensamble Studio）的混凝土装置，其中一件以沙坑翻模塑形的作品，让我觉得它似乎有掇山理水的技术潜力。我一直想找机会利用这一技术，直到几年前，在沁泌庭与溪山庭间的曲溪西岸，我终于尝试着用它塑造出西侧的溪岸池桥。

　　以钢筋网喷涂塑形的猴山技术，与沙坑翻模塑形的池岸技术，这两种看似相似的材料与构造，我对它们厚此薄彼的最初态度，连我自己都不甚了然。正是在这次实践中，让我意识到两者的区别，大概类似描摹与写意。前者利用一切工艺描摹选定造型的特定形象。后者的造型，不但依赖对翻模前后正负形的想象，它还需要思考工具与材料的特性，能否与山水意象进行匹配。一如高明的画家，虽不屑于以笔墨描摹形象，却会着迷于以笔墨的浓淡、笔锋触纸的正侧，构造出不同的笔触皴法，继而生成意象交织的写意山水。

　　相比于恩萨伯工作室以装运沙堆来挖坑翻模，我只需在溪山庭平坦的高地上直接掘渠塑岸。我相中了掘土机一种 60 厘米宽的铲头，它的笔触，大致是与我希望的池岸厚度相匹配。其大致可挖 2 米的深度，也符合池壁高度所需，池岸与池面的半米左右高度、池深的半米左右高度以及池下基础所需高度，大概正好叠加出这个深度。溪岸平面的曲折，不只能加强线性池壁的结构稳定，还可兼顾溪流收放的意欲（图 86）。坑壁上阔下狭的形状，虽是挖掘土沟的自然形态，其翻模后的上大下小，正能匹配我对它出挑藏水的意图。我希望它向水单面出挑，也对挖掘机掘土时的机位，提出相当具体的位置要求。而池岛间的两座拱桥，只是这条蜿蜒深壕中掘土较少的两处浅坑部分。

当挖掘机挖出第一段土沟时，俯瞰着沟底挖掘机爪的绵长爪痕（图 87），我忽然记起《从家具建筑到半宅半园》中也有一张类似的照片，是清水会馆那次掘池见水的巨大爪痕（图 88）。那张本应让我见水开怀的照片，在那本书的相关文字里，却表达出我对挖掘机速度过快的不满。那种以对掇山技术不适的抱怨，来掩盖我掇山技艺的无能，如今看来极为明显。

溪山庭几十米长的池岛岸线，以一台挖掘机只用了不足一日，就挖掘完毕，因为出挑不多，我放弃了在坑中布筋的浪费。为免浇灌混凝土过程中的崩塌，我在坑中向水一面铺设了防晒网，甲方则在桥上浅坑内，补放了两根废弃的钢管加强结构。次日傍晚，以泵车运来的混凝土浇筑，也只用了半夜时间，相比人工驳石的东岸，其工费俱省的特点，让甲方陈飞颇为兴奋。其完成后蜿蜒逼真的形态（图 89），也让甲方有意外之喜，而我对其满意，不尽如此，在这次以混凝土浇筑池岸的过程中，我竟有着如砌筑砖墙一样明晰的建构意图。

我对这一感觉，不无忐忑，弗兰姆普敦在《建构文化研究》里所用"建构"一词，我至今仍缺乏准确理解，而对其建构与森佩尔的编织理论间的关联，也一知半解，我模糊地觉得，它大概类似于卡尔维诺对晶体的文学性诠释。

卡尔维诺曾以晶体既透明又反射的特性，归类那些受到 20世纪初先锋艺术家影响的现代文学作品。我当时想起的先锋艺术，就是印象派的绘画，以及密斯关于玻璃材料的表现性不是透明而是反射的断言。在《极少主义》一书里，我曾以"透明"一词，概括拉斐尔以前的古典绘画特征，油画颜料在准确表达物象——

图 86 溪山庭池岸掘土，自摄

图 87 溪山庭掘土齿痕，自摄

图 88 清水会馆掘池齿痕，自摄

图 89 溪山庭混凝土池岸，陈颢摄

譬如圣母时，我们看不见油画材料，只看见材料之外的圣母形象，材料就呈现出玻璃般的透明性特征。现代绘画先锋之一的印象派，因为既表现出材料之外的自然意象——譬如莫奈的《睡莲》，也呈现出油画材料自身的笔触特性，被笔触模糊了的印象派画面，就具备卡尔维诺对晶体迷恋的两种属性——既透明又反射。

以此评价我在水边宅庭院上空出挑的那组混凝土家具，它就像是对卡纸板模型制作工艺的笨拙模仿。它处于材料与结构两相消逝的透明状态，而那几件借助圈梁塑形的混凝土家具，则既维持了混凝土梁的结构形态，也注入了结构之外的家具意图。它们与清水会馆那些砖砌的空腔，有着更为接近的构形逻辑。那些繁复的砌筑形态，既呈现了砖材料自身的砌筑特征，又叠加了材料之外的各种设计意图，我以为，这种叠加了技术与意图的复合形态，才符合我所理解的建构语境，我以为，如果建构的要意，并非特指不同材料相接的物质性节点，而能涵盖意图对细部的注入，或意象与技术的编织，我就会是建构理论的坚定支持者。

十几年前，我在清水会馆的设计与建造中，曾在表现与抑制表现这两条相互拔河的绊索间，举步维艰；十几年后，我才意识到，正是由于表现与抑制表现这两条经纬的相互限制，才使我最近在溪山庭这次酣畅淋漓的设计与建造间，还能保持住一些张弛有度的节制力，而不至于错将意识的松懈，当成表意的放松。如果我在清水会馆不曾拘谨或笨拙地将砌筑与置石之事，都限定在有所意图的表现范围内，等我面临溪山庭第一次堆叠全石假山时，我恐怕连表达意象的勇气，兴许都兴不起来。

1

清水会馆图游记

图 1 主入口（秋），杨智鹏摄
大门以方钢横构，间距以能卡合西墙砖砌凸垛为准。大门洞开，方钢横栅则恰可嵌入砖花，且与砖花合体。思及钢构横格或被攀越，乃于大门之上加设披檐。

图 2 车行道（秋）
砖墙右近处，有高低不等两洞口，高者乃工人房窄小之门（曾于山西民居见更窄之户门，居然一家之用），悬而如窗，意在不引人注意；而其低者，真窗也，以供洗衣光亮。

图 3 圆中园（冬）
车道东墙之北有两圆洞，因其叠合内墙一个圆洞，车内透视偶能一掠内园，此圆间池、池中藤，皆为苏州"半园"之"西半廊"洞口启示，圆意诱惑，藤意遮掩。

图 4 回看入口（秋）
从车库处回看入口，大门钢槅横栅，恰能将邻家一铮亮琉璃新亭，模糊成可借远景。

图 5 车库与玄关（秋）
车道尽端右侧，有室内车库三、室外停车坪一，空间凹入乃为倒车之便。前端圆门洞内为会馆玄关"四面微风"，玄关内菱形排布花格亦可藏灯夜照。

图 6 自"槐序"内西看"四面微风"（秋），杨智鹏摄
"四面微风"者，乃四合天井也，以其东西南三面圆洞，加之向天之敞，共四面可来微风。东转则入"槐序"。

5

6

7

8

图 7 "槐序"内东看（夏）

"槐序"乃会馆总序，为意匠经营较成功处。所选龙爪槐，密叶低垂可压幽杳而息心。"槐序"以东，有"方院"，院外有"九孔桥"，桥东有白石披紫藤，绕白石可入"四水归堂"。

图 8 从"方院"回看"方院"与"槐序"（秋），万露摄

"方院"与"槐序"所接圆门之上，有墙顶之窄路可通后花园小土山，透空砖花格者为栏杆。

图 9 "九孔桥"（秋）

自客房挑檐看"九孔桥"。桥以九根预制水泥管上压平券墁砖桥面，图上计算原为十根，及至下管，幸得实际度量，可容其九。

图10 "四水归堂"（秋），万露摄

图与模型，皆为四坡内倾，取"中霤"古意"雨留"。施工队难其斜交，乃降其斜高而就其低平。因有天井可泻光，遂以四角砖踩"留茬"受其光。勾缝工误其为真茬，遂不勾，及觉，灰浆已凝而坚，为重勾缝，凿钎并用，大费周折。

图11 "青桐院"西看（秋）

出"四水归堂"以南，至"青桐院"。从"青桐院"西看，左为客房，挑檐下可泄内院所聚雨水及泳池泄水，水过"九孔桥"而北，则流往后花园池塘。前端窗内为"藤井"之藤帘。

图12 "青桐院"东看（秋），万露摄

"青桐院"以东，有横阔台级可攀屋顶，左为书房小院外壁，右侧为敞厅。敞厅靠大台级北墙花格内藏透光廊道，廊北折而可连书房，南转而能接客厅。

图13 敞厅内回看"四水归堂"（秋）

敞厅北嵌"四水归堂"之后花园圆形影壁。春夏之际，影壁微透间，偶可窥后花园的模糊景物。

12

13

14

图 14　自敞厅西望"客房"（秋），万露摄

敞厅北侧，顺北墙往西与客房挑廊接，大挑檐可供步接车库，可为雨雪临时暗道，檐下有电源网线，可供夏日户外休闲工作。

图 15　自敞厅南望"梧桐大院"（秋），万露摄

抬高仪式大道，贯串敞厅与建筑主入口。于此道南北两端，敞厅之"低阔"正能裁剪主入口的"高狭"。敞厅以南，"梧桐大院"被大道东西一分为二。

图 16　自主道路西看"西廊"（秋），万露摄

廊北接客房，南及餐厨。廊之东西两墙各敞可坐之方洞，方洞之内依稀可见"合欢院"之合欢与灌木。

18-2

图 17 "梧桐大院"从西南角往东北角看（春）
环院一圈雨水沟，勾勒"梧桐大院"之貌。院东隔之以墙，墙又南北二分。南端砖柱缝间可入"灯笼院"，灯笼可挂柱缝顶部。北部花格墙内藏"杏院"。

图 18-1 建筑主入口内回看敞厅（秋）（一）
图 18-2 建筑主入口内回看敞厅（秋）（二），万露摄
河南老家宅院，皆有门楼，一般邻居只在门楼落座闲聊，并不入院进屋，以此门楼扩大遂成敞厅之意。

21

图 19 从敞厅看建筑主入口
（秋），万露摄
半拱券上方横窄窗洞，提供主
卫生间来自北部的私密光线。
稍下不封玻璃小方洞，顺其内
弧将风光滑落玄关上壁。又恐
雨水随风入关，于底下对开窄
洞以排之泄之。

图 20 客厅内回望建筑主入口玄
关（冬），丁斌摄
玄关之弧顶，于其上将光线导入
玄关底下。墙上有窗，为楼上主
卫生间私密采光，墙脚有小方孔，
孔内有灯夜间照明。

图 21 客厅（春）
主客厅在建筑群体东北部，故从
二层走廊之玻璃天窗借得南向
光。正面花格窗外为游泳池与休
息平台。夏季泳池试水时刻，可
透过上部一条通缝，见波浪曾于
窗外砖顶间的粼粼之波光反射。
客厅北侧底下条窗可看"杏院"
银杏，右侧低门可下酒窖。

图 22 从客厅西望餐厅（秋）

客厅与餐厅中部有廊式备餐，餐厅西墙花窗以抵抗西晒，并隐约"丁香院"之偶然丁香。此处花窗格子最为细密，透空最少，或是逆光眩光原因，远观颇显透漏。

图 23 起居室远眺（秋）

抬高之起居室，可从客厅拾阶而上。正对东面游池，游池瓷砖蓝色为我不喜，但亦是我选定。好在池东有运河近景远境，故在围墙上选最大透空率花格，尚能引走视线。

图 24 洗手间（秋），万露摄

起居室西墙有狭缝，可通洗手间。有 6 米通高缝窗照亮白色洗手钵，颇具宗教洗礼台前之神秘黯淡氛围，实境并非如此黑暗。

24

图 25 影院（冬）（一）
图 26 影院（冬）（二）
起居室东南角可出而入泳池沿，其南通家庭影院。影院暗而曲顶，意为反射声，实则我并不能计算其曲率。高台之上，主人计划置古筝一架。高台之下一可容空调，二可提供院落与泳池间的一条逼仄暗道。

图 27 书画室书架天光（秋），万露摄
返起居室，绕家庭影院之西南，尤可通达此父母书画室。或以其书架尺寸过大，主人现以其供奉小型佛像。砖书架下部为取书台，原本下藏暖气，上可用作临时看书桌面。

图 28 书画室壁龛（冬），丁斌摄
正砌此西墙前夜，或是砖书架的佛龛模样，甲方希望此间有能供奉观音处。连夜于工地修改图纸。底下方洞可搁置香炉，上部内外叠涩之龛可供奉观音，洞、龛间匿以下大上小的烟囱洞口暗通，香炉之香烟氤氲，遂可顺洞暗渡于观音背后，于光中缭绕。

图 29 "环水方院"之南廊（秋）
走廊东通书画室，西达两套老人卧。走廊以南为"玉兰院"，廊内为"四方水院"。

图 30 自"四方水院"西北角往东南角看（秋），万露摄
有 6 米高洗手间缝窗，左右两侧斜墙，斜成两条狭院偏径，左通客厅之西廊，右达书画室前序。

图 31 北狭院内外看（秋）
约略可见"四方水院"。墙上清晰显示出非正交墙体不砍砖之光照下之阴影。

图 32 南狭院内望（秋），李璐珂摄
圆洞内为另一内院，下部以泻泳池水转换之用，上部为主卫之影壁院。院内还可为其南侧书画室通风补光。

30

31

32

33

34

35

图 33 自"四方水院"东南角往西北角看（冬），丁斌摄
此或为向路易·康无树木之花园之致敬。"四方水院"里亦无植物，仅于西北角，砌砖桌椅，以冬日晒东南阳光，并蔽西北寒风。右侧建筑底层条窗为西餐厅南向窗。

图 34 自西餐厅南望（秋），万露摄
阳光明媚，惜"四方水院"缺少植物，只能隔"四方水院"而观"玉兰院"之玉兰绿意。因甲方对原本用作中餐之"大圆厅"之偏爱，意欲将之用作大书画堂，而此西餐厅遂有中餐家具陈设。

图 35 "大圆厅"（冬）
图 36 "大圆厅"（夏）
基于包八根混凝土柱子，有八条竖墙权宜加厚，其余一概如常之厚薄，交接处不砍砖则交接出如盝轮廓。正常之墙中间凸出规律砖跺以承天光。圆顶之上正中天窗以其小其深，果如天井。厅内有砖砌桌四，乃受甲方朋友祝贺启示。

图 37 楼梯廊内远观"大圆厅"（秋），万露摄

尽端为"大圆厅"。中部光影密集处为餐厅，左近处有门可入狭院进"四水归堂"，右近处低门内有梯下储藏间，稍前之高门则为楼梯入口。

图 38、图 39 楼梯上、下时顶光（秋、冬），万露摄

利用压低二层南部走廊，以半圆拱券从廊上借得南光，光线越过低矮走廊上空，进入一廊之隔的楼梯间。尽端花格内隐约光线乃是两层通高客厅内所泛微光。

37

38

39

图 40 玻璃天窗（秋），苏立恒摄

原计划游泳池自此注水，从玻璃天窗流向右侧水槽，再跌落泳池。后考虑空气质量，遂放弃从玻璃流下的波光想法，仅于右侧墙上悬排水口。左侧洞口下方，乃两层通高客厅，可借天窗南向光。

图 41 阳光阁（冬），丁斌摄

自天窗以下，可作阳光行，北折而入游泳池上方阳光阁。此地景物绝佳——南瞰泳池、北望群山、东览运河与无际田园。原本用作空亭，最近甲方将它封上玻璃用作阳光阁。

图 42 二楼走廊看"大圆厅"屋顶（秋），丁斌摄

圆顶上玻璃天窗可旋转开启，可拔风，其高度可用作吧台。

图 43 "红果院"屋顶平台（冬），万露摄
经一年时光苔染，冬日屋顶红砖，光泽如黄铜。

图 44 "合欢院"屋顶平台（秋）
北向俯瞰，十字墙上为放大路径，南攀圆顶、北越"合欢院"而可接客友屋顶，彼处西转而下，则为压低之车库顶，再北则越"槐序"上空，出建筑，穿小雕楼则入后花园小山，小山借远山。

图 45 从后院"合欢院"十字墙顶回看主体建筑（春），万露摄
正有好友王昀戏称之"聚落"模样。此处可沿墙楼梯下至"合欢院"。

图 46 从"红果院"看"合欢院"（夏），万露摄
比邻"大圆厅"。此楼梯墙之线脚为叠涩出墙上栏杆之功能技术，先是被周榕误以为装饰。

图 47 从"梧桐大院"入"银杏院"前序（秋），苏立恒摄
此壁与敞厅东墙相错成缝，缝间竖一砖砌斗拱，以示其从开阔"梧桐大院"进入狭长"杏院"之序。

图 48 自"银杏院"内横看砖斗拱与"银杏院"（秋），苏立恒摄
同时可看"梧桐大院"与"银杏院"。左侧近景以两个树池为凳，中间为条案。北侧高墙底部条窗为客厅观银杏之用。

图 49 自"灯笼院"北端回看"银杏院"（秋），万露摄
中景为透空影壁，原设计用作室外壁炉烟囱，后应甲方修改为院落灯具；远墙深厚花格内为走廊连接敞厅与书房，半透而北则为"青桐院"。右墙上圆券内为砖家具。

48

49

图 50 对坐砖家具（秋）
一者为两砖池以纳银杏，池沿高可落座，遂于两池间夹设砖条案，以供围坐棋牌。另一则为墙间园券内，可供两人对坐。隔此坐而对的另两件可供独坐之砖家具需到"香槐院"回看。

图 51 独坐砖家具（秋），万露摄
因为比邻河堤，故在"杏院"西墙设计菱形花格与另一面看起来方形花格在同一堵墙上重叠，其交错重叠确保"梧桐大院"之活动，不为河岸游走者所窥。

图 52 从"香槐院"北看书房（秋）
左侧为书房，右侧临河围墙，尽端高墙以外为后花园。

图 53 从书房北院南望"香槐院"（秋）
夏日香花满树的时候，此狭院之阴凉与安静为我偏爱。

51   52   53

54

55

图 54 从书房北院西看（秋）
北围墙至此四折而南，南接圆形影壁，人随其折，则入"四水归堂"。

图 55 "四水归堂"向东横看（冬），万露摄
"四水归堂"正东可进"竹梅书院"、正南能过"青桐院"而接敞厅。

图 56 "竹梅书院"之影壁（秋），丁斌摄
壁后植蜡梅两枝，竹一蓬。壁上花格亦为灯格，乃最得意之设计。当初蹲于此壁下与工人一起避暑，工人以我能设计这种砖格，而误以为我有瓦匠经历，颇自得以至于为言此者上烟点火。花格以南为大台级。

图 57 秋季大台级之不同气象（冬），丁斌摄
清水会馆尚有几处攀爬楼梯，但都较隐秘。亦有主人卧室与老人卧室并工人房区域，因其私密，不能尽其观。而于此大台级处，记起极具建筑天分的另一甲方祝贺，当初，曾眼见他牵其爱犬毛毛于此拾级而下，老祝所选"之"之下法比较合脚，犬则严格依照阶梯正立面跌落而下，高低错落不适，犬眼怨恨，或为此故，其后曾小咬我一口，害我四十天内定时打针，苦不堪言。

图 58 "四水归堂"向西北横看（冬），丁斌摄
"四水归堂"乃清水会馆要紧枢纽，其正西可接"九孔桥"而通
"槐序"而返，正北则可两折——东北可返书房以北"香槐院"，
西北可折入后花园。

图 59 后园初况与现状（冬），丁斌摄
初欲营园而力有不逮，仅以柳遍植。冬日不见园丁遍植艳丽花草，
其心稍静。然与园丁交恶，遂至前日以其圆形影壁之转折不利搬
运，大骂于我，而我计划明年稍事营园，正欲不能使其更曲更折，
营园之难可想见矣。好在甲方理解中国园林的曲折能事。

图 60 沿河立面（秋），万露摄
某日不约而来工地。车至小区门口，思欲沿河步行至清水会馆。
不意得见会馆完整东面，此面过长，从不曾在图上绘全立面，亦
不能全摄入相机，罕有人得以岸观。 而万露，居然不辞辛苦，绕
河数里，于隔岸而得其全貌。

摄影小记

会馆初竣，中心毕业生相邀观游。苏立恒携其童蒙甥女，年龄恰与幼子千里相若，遂遣千里相陪别处嬉戏，而自与学生叙旧，不觉时光之逝。千里忽携女伴至，言已带其参观"二十四景点"云云！众生皆讶其说，有问景点所在者，有问景点所出者，尤有言此二童神貌相似者，一时发问声、应诺声、相询声、相机咔嚓声，千里初欲答而后被镜头所困，初兴奋而随之拘谨，韩彦照片恰逮那刻，后随清水会馆图片一并寄来。

此刻，面临清水会馆图版之惑，忽忆千里相关"景点"之说，虽于千里相中"景点"具体为何，今已难知，料其与清水会馆同成长，方能对此会馆布局稔熟。然亦常有访游者于会馆内两相走失，尤有建议设"广播找人"者。

图版之事虽不能解现场之迷游，或可以"游"字为图版线索，略加文字稍解，名之《清水会馆图游记》。

图记易写，而图片之事颇难。初欲自行拍摄，苦于既缺技术亦缺器材。丁斌年前偶来拍摄几张，我诧异其图片质量，竟误以为乃其手中器材所致，乃借其相机，交由万露。器材固佳，然万露毕竟初用，及至图片冲洗出来，一半色偏冷紫，而时令又入冬许久，植物阴翳之细微表现力难以复逮，复请丁斌于元旦罕得之假期间，抖擞补拍，骥文溯图如此。

丁斌与赵淑静夫妇乃多年之交，曾于八年前设计其市内小院所识，不料三年前才得报批施工，适值清水会馆忙乱之际，无暇兼顾，遂派学生张翼监督施工，今日方才乔迁。情形正如我不能在同一工地兼顾近旁老祝之"祝宅"一样，但他们都宽容了我这一精力不及的懈怠。我之所以不在这本书里介绍这两件作品，乃是因为，我于其间只算是初步设计者与不甚合格的顾问，相关其间更重要的实施智慧，原本多半出自他们自己的思考。

（本书未注明摄影者的图片，均由作者提供）

2009 年

清水会馆初竣，幼子千里携苏立恒童蒙甥女参观会馆之"二十四景点"，韩彦摄

群岛 ARCHIPELAGO 是专注于城市、建筑、设计领域的出版传媒平台。由群岛 ARCHIPELAGO 策划、出版的图书曾荣获德国 DAM 年度最佳建筑图书奖、中国政府出版奖、中国最美的书等众多奖项；曾受邀参加中日韩"书筑"展、纽约建筑书展（群岛 ARCHIPELAGO 策划、出版的三种图书入选为"过去 35 年中全球最重要的建筑专业出版物"）等国际展览。

群岛 ARCHIPELAGO 包含出版、新媒体、书店和线下空间。

info@archipelago.net.cn

archipelago.net.cn

本书是作者董豫赣这些年对教学与自学、建造与表意之间如何"相反相成"的陈述。全书分为四篇,清水会馆(记)记录了清水会馆被拆如何引发他想编撰北大学生论文丛书的缘由;北大建筑(记)回顾了他身处北大建筑学研究中心参与教学与自学的经历;从砖头到石头阐释了他从早期清水会馆的砖砌工艺到新近溪山庭掇石为山的掇山技艺的差异中,持续探讨了建造如何表意的问题;而清水会馆图游记只是他从再版的《从家具建筑到半宅半园》一书中的附录中移植而来。本书呈现了作者董豫赣二十年来从建筑到造园的理论与实践的系统性思考,以及他对建筑教育可教部分的持续性反思,对建筑、园林、教育等专业都具有重要的借鉴价值,对不同读者来说都是一本不可错过的读物。

图书在版编目(CIP)数据

砖头与石头 / 董豫赣著. -- 北京:机械工业出版

社, 2024. 12. -- ISBN 978-7-111-77249-1

Ⅰ. TU986.4

中国国家版本馆CIP数据核字第202594VL63号

机械工业出版社(北京市百万庄大街22号 邮政编码100037)

策划编辑:赵　荣　　　　　　　　责任编辑:赵　荣　时　颂

责任校对:赵　童　王小童　景　飞　　责任印制:李　昂

北京利丰雅高长城印刷有限公司印刷

2025年7月第1版第1次印刷

205mm×190mm·4.833印张·156千字

标准书号:ISBN 978-7-111-77249-1

定价:69.00元

电话服务　　　　　　　　　　网络服务

客服电话:010-88361066　　机 工 官 网:www.cmpbook.com

　　　　　010-88379833　　机 工 官 博:weibo.com/cmp1952

　　　　　010-68326294　　金 书 网:www.golden-book.com

封底无防伪标均为盗版　　机工教育服务网:www.cmpedu.com